中国非法贸易动物鉴定丛书

非法贸易动物及制品鉴定

——哺乳动物篇

郭凤娟　胡诗佳　阳建春　主编

SPM 南方传媒　广东科技出版社
全国优秀出版社
·广州·

图书在版编目（CIP）数据

非法贸易动物及制品鉴定．哺乳动物篇 / 郭凤娟，胡诗佳，阳建春主编．—广州：广东科技出版社，2023.4
（中国非法贸易动物鉴定丛书）
ISBN 978-7-5359-7985-8

Ⅰ．①非… Ⅱ．①郭…②胡…③阳… Ⅲ．①野生动物—哺乳动物—鉴别②野生动物—哺乳动物—动物产品—鉴别 Ⅳ．①Q959②S874

中国版本图书馆CIP数据核字（2022）第196582号

非法贸易动物及制品鉴定——哺乳动物篇
Feifa Maoyi Dongwu ji Zhipin Jianding—— Buru Dongwu Pian

出 版 人：严奉强
项目策划：罗孝政　尉义明
责任编辑：尉义明　谢绮彤
封面设计：柳国雄
责任校对：高锡全
责任印制：彭海波
出版发行：广东科技出版社
　　　　　（广州市环市东路水荫路 11 号　邮政编码：510075）
销售热线：020-37607413
https://www.gdstp.com.cn
E-mail：gdkjbw@nfcb.com.cn
经　　销：广东新华发行集团股份有限公司
印　　刷：广州市彩源印刷有限公司
　　　　　（广州市黄埔区百合三路 8 号　邮政编码：510700）
规　　格：787 mm×1 092 mm　1/16　印张6　字数130千
版　　次：2023年4月第1版
　　　　　2023年4月第1次印刷
定　　价：88.00元

如发现因印装质量问题影响阅读，请与广东科技出版社印制室联系调换（电话：020-37607272）。

《非法贸易动物及制品鉴定——哺乳类动物篇》

编委会

主　编：郭凤娟　胡诗佳　阳建春

编　委：（按姓氏音序排列）

戴嘉格　郭凤娟　胡诗佳　金香香

李旺明　李伟业　李咏施　潘麒嫣

彭　诚　苏栋栋　薛华艺　阳建春

张苧文

前 言

野生动物及其制品是人类赖以生存的重要物质资源，其经济、社会及生态价值不断被人类认识和开发。近几十年来，全球野生动物贸易日益繁荣，非法野生动物贸易也随之日益活跃。据联合国环境规划署估计，近年来全球野生动物非法贸易金额每年约200亿美元，且被非法贸易的野生动物主要是濒危物种。

野生动物非法贸易是一个全球性问题，具有全域性和多样性特征，严重影响全球生物多样性、生态系统服务功能、公共安全及动物福利，会大幅度降低自然资源质量，严重破坏生态系统稳定，加速疾病蔓延，最终损害人与自然共同的健康和福利。1999—2018年全球每个国家都有参与野生动物非法贸易的记录。为了维护生物多样性和生态平衡，推进生态文明建设，近年来我国及时修订了《中华人民共和国野生动物保护法》。《中华人民共和国刑法》也对破坏野生动物资源的行为划定了红线，对野生动物非法贸易坚持从严惩治原则。

本项目内容来源于华南动物物种环境损害司法鉴定中心（原华南野生动物物种鉴定中心）近20年受理的全国各地执法机关委托鉴定的有关涉案动物及制品1万余宗案件，以及鉴定的非法贸易野生动物近1 100个物种（其中濒危物种近800个，个体数量上千万只，各类制品超过1亿件）。编者通过归纳总结上述鉴定成果，系统梳理非法贸易野生动物及其制品检材的照片，最终挑选出近500个非法贸易野生动物物种（亚种）及其制品的高质量照片3 000余张，从多角度反映非法贸易野生动物及其制品的多项指标特征。结合相关文献资料，设计本套丛书，图文并茂、全方位地反映近年来我国野生动物非法贸易的种类、类型、分布等信息，并系统、完整、科学描述与展示，以期让非专业人士对我国野生动物非法贸易的状况及重点类群有比较清楚和全面的认识，甚至能够快速识别常见非法贸易野生动物类群及类型。丛书的出版可为保护野生动物、打击野生动物非法贸易提供专业支持，也可为促进我国生态文明建设等提供翔实的基础资料和科学的理论指导。

本书物种保护级别中，"国家一级"是指国家一级保护野生动物，"国家二级"是指国家二级保护野生动物，"国家'三有'"是指有重要生态、科学、社会价值的陆生野生动物（旧称：国家保护的有益的或者有重要经济、科学研究价值的陆生野生动物），"CITES附录"是指《濒危野生动植物种国际贸易公约》附录物种，"非保护"是指曾未列入国家保护名录和国际公约附录的物种。

本书的分类系统主要参考《濒危野生动植物种国际贸易公约》（CITES）附录（2023年版）、《国家重点保护野生动物名录》（国家林业和草原局、农业农村部公告2021年第3号，自2021年2月1日起施行）和《中国兽类野外手册》。随着分类研究的进步，动物分类地位也存在变动，部分物种的中文名可能会与其他专著不一致，分类阶元归属以拉丁学名为准。书中列出的物种保护级别和分布地，读者在参考时还需查阅最新发布的文件。限于编者水平，本书存在的不足和错误之处，恳请专家和读者批评指正。

编　者
2023年3月

目　录
C o n t e n t s

蜂猴 *Nycticebus bengalensis* ·············· 1

倭蜂猴 *Nycticebus pygmaeus* ············· 2

赤猴 *Erythrocebus patas* ················ 3

短尾猴 *Macaca arctoides* ··············· 4

食蟹猴 *Macaca fascicularis* ············· 5

北豚尾猴 *Macaca leonina* ············· 6

猕猴 *Macaca mulatta* ················· 7

藏酋猴 *Macaca thibetana* ············· 8

北白颊长臂猿 *Nomascus leucogenys* ······· 9

库氏狨 *Callithrix kuhlii* ················ 10

卷尾猴 *Cebus capucinus* ··············· 11

松鼠猴 *Saimiri sciureus* ··············· 12

穿山甲 *Manis* spp. ····················· 13

郊狼 *Canis latrans* ··················· 14

狼 *Canis lupus* ······················· 15

貉 *Nyctereutes procyonoides* ·········· 16

北极狐 *Vulpes lagopus* ··············· 17

赤狐 *Vulpes vulpes* ··················· 18

熊 ······································· 19

小爪水獭 *Aonyx cinerea* ·············· 20

猪獾 *Arctonyx collaris* ··············· 21

石貂 *Martes foina* ··················· 22

紫貂 *Martes zibellina* ··············· 23

狗獾 *Meles meles* ···················· 24

鼬獾 *Melogale moschata* ············· 25

黄腹鼬 *Mustela kathiah* ············· 26

林鼬 *Mustela putorius* ··············· 27

黄鼬 *Mustela sibirica* ··············· 28

水貂 *Mustela vison* ················· 29

果子狸 *Paguma larvata* ············· 30

斑林狸 *Prionodon pardicolor* ·········· 31

小灵猫 *Viverricula indica* ··········· 32

狮 *Panthera leo* ····················· 33

豹 *Panthera pardus* ················· 34

虎 *Panthera tigris* ·················· 35

雪豹 *Panthera uncia* ················ 36

豹猫 *Prionailurus bengalensis* ········· 37

海豹 *Phocidae* spp. ·················· 38

海象 *Odobenus rosmarus* ············· 39

浣熊 *Procyon lotor* ················· 40

食蟹獴 *Herpestes urva* ·············· 41

现代象 ································· 42

猛犸象 *Mammuthus primigenius* ········ 43

非洲犀 ································· 44

斑马 *Equus burchellii* ··············· 45

麝 *Moschus* spp. ···················· 46

驼鹿 *Alces alces* ···················· 47

狍 *Capreolus capreolus* ·············· 48

马鹿 *Cervus canadensis* ············· 49

水鹿 *Cervus equinus* ················ 50

梅花鹿 *Cervus nippon* ··············· 51

小鹿 *Muntiacus reevesi* ············· 52

白尾鹿 *Odocoileus virginianus* ········· 53

驯鹿 *Rangifer tarandus* ············· 54

高角羚 *Aepyceros melampus*·············· 55

跳羚 *Antidorcas marsupialis* ·············· 56

鹅喉羚 *Gazella subgutturosa* ·············· 57

盘羊 *Ovis ammon* ······················ 58

藏羚 *Pantholops hodgsonii* ·············· 59

蒙原羚 *Procapra gutturosa* ·············· 60

藏原羚 *Procapra picticaudata*·············· 61

赛加羚羊 *Saiga tatarica* ·············· 62

薮羚 *Tragelaphus scriptus*·············· 63

扭角林羚 *Tragelaphus strepsiceros* ······· 64

河马 *Hippopotamus amphibius* ·············· 65

野猪 *Sus scrofa*······················ 66

长颈鹿 *Giraffa camelopardalis* ·············· 67

喜马拉雅旱獭 *Marmota himalayana*······· 68

红白鼯鼠 *Petaurista alborufus* ·············· 69

海南大鼯鼠 *Petaurista hainana* ·············· 70

海狸鼠 *Myocastor coypus* ·············· 71

毛丝鼠 *Chinchilla lanigera* ·············· 72

花白竹鼠 *Rhizomys pruinosus* ·············· 73

豪猪 *Hystrix hodgsoni* ·············· 74

独角鲸 *Monodon monoceros*·············· 75

抹香鲸 *Physeter macrocephalus*·············· 76

蜜袋鼯 *Petaurus breviceps* ·············· 77

大袋鼠 *Macropus* spp. ·············· 78

四趾刺猬 *Atelerix albiventris* ·············· 79

东北刺猬 *Erinaceus amurensis*·············· 80

参考文献·························· 81

附录 哺乳动物历年保护级别 ·············· 82

蜂猴 *Nycticebus bengalensis*　　别名：懒猴

分类地位	哺乳纲MAMMALIA 灵长目PRIMATES 懒猴科Lorisidae

保护级别 国家一级、CITES附录I　　**贸易类型** 活体、死体

分　布 云南、广西；缅甸、老挝、越南等

◉ **鉴别特征**　体形较小，体长约30 cm；眼大而圆，耳小，眼周和鼻端褐色；体毛厚密柔软，背部中央有一条深棕色纵纹；第2指、趾极短或退化，除后足第2趾是爪形外，其他指、趾的末端有厚的肉垫和扁指甲；尾短。

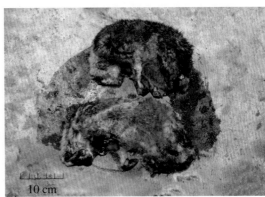

10 cm

懒猴科

倭蜂猴 *Nycticebus pygmaeus*　　别名：小懒猴

分类地位	哺乳纲 MAMMALIA 灵长目 PRIMATES 懒猴科 Lorisidae
保护级别	国家一级、CITES 附录 I　　贸易类型　活体、死体
分　布	云南；越南、老挝、柬埔寨

5 cm

10 cm

◉ **鉴别特征**　体形小，体长约20 cm；头圆，眼大而圆，眼圈及周边毛发形成棕褐色环，鼻、耳郭、手和足皮肤黑色；身体被毛细丝绒状，主要为棕橙色或棕黄色，腹毛灰白色；四肢粗短，后肢稍微长于前肢；尾极短。

赤猴 *Erythrocebus patas*

分类地位	哺乳纲 MAMMALIA 灵长目 PRIMATES 猴科 Cercopithecidae
保护级别	CITES 附录 II **贸易类型** 活体
分　布	非洲（从苏丹、索马里、坦桑尼亚等一直到喀麦隆、塞内加尔一带）

◉ **鉴别特征**　体形较纤细；面部裸露区域肉白色，眼上方有一道黑色眉纹，延伸至耳下方，鼻梁黑色，面颊四周和下颏有浓密的白胡须；被毛长而粗糙，上体皮毛橘红色，胸腹部和腿脚灰白色；四肢较长；尾细长。

短尾猴 *Macaca arctoides*

分类地位	哺乳纲 MAMMALIA 灵长目 PRIMATES 猴科 Cercopithecidae

保护级别	国家二级、CITES 附录 II	贸易类型	活体

分　布	云南、广东、广西等；缅甸、老挝、越南等

◉ **鉴别特征**　体形较小；面部裸露，具鲜红色的斑块，前额部分裸露无毛，头骨较宽，有明显的眉脊；被毛灰黑色，胸部、腹部及四肢内侧的毛稀疏而颜色较浅；尾非常短（约为头体长的10%）。

食蟹猴 *Macaca fascicularis*　　别名：食蟹猕猴

分类地位　哺乳纲 MAMMALIA 灵长目 PRIMATES 猴科 Cercopithecidae
保护级别　CITES 附录 II　　　　　贸易类型　活体
分　　布　泰国、老挝、越南等

◉ **鉴别特征**　体形较小，毛色呈黄色、灰色、褐色不等，腹部及四肢内侧毛色浅；颜面瘦削，冠毛后披，面带须毛，眼周皮裸，眼睑内侧有白色三角区，具颊囊；手足均具五指（趾），指（趾）端有扁平的指（趾）甲；尾长。

北豚尾猴 *Macaca leonina*　　别名：豚尾猴、平顶猴

分类地位	哺乳纲 MAMMALIA 灵长目 PRIMATES 猴科 Cercopithecidae
保护级别	国家一级、CITES 附录 II　　**贸易类型** 活体
分　布	云南；老挝、缅甸、越南等

◉ **鉴别特征**　体形粗壮；头顶平坦，冠毛短而黑，吻长而粗，头骨的眶上脊不显著；体背被毛黄褐色，腹部被毛灰白色，尾毛稀疏；雄性裸露的面颊为粉色，眼上带有闪亮的蓝色。

猕猴 *Macaca mulatta*　　别名：普通猕猴

分类地位	哺乳纲 MAMMALIA 灵长目 PRIMATES 猴科 Cercopithecidae
保护级别	国家二级、CITES 附录 II　　**贸易类型** 活体（宠物）
分　布	从青藏高原东部山地到东海岸、海南岛，最北到北京东部；印度北部、泰国北部、阿富汗等

◉ **鉴别特征**　头部被毛呈棕黄色，头顶没有向四周辐射的旋毛，面部比较平坦，颜面瘦削，颜面及两耳呈肉色，有颊囊；体背毛棕黄色，体腹毛浅黄白色；手足均具五指（趾），指（趾）端有扁平的指（趾）甲；尾较细长。

藏酋猴 *Macaca thibetana*

分类地位	哺乳纲 MAMMALIA 灵长目 PRIMATES 猴科 Cercopithecidae

保护级别	国家二级、CITES 附录 Ⅱ	贸易类型	活体

分　布	中国中部和东南部（四川、贵州、福建等）

◉ **鉴别特征**　体形大、粗壮，四肢强健；头大，雄兽脸部为肉色，眼周为白色，眉脊毛较短，颊部着生长毛；体毛长而浓密，背部浅棕褐色至深褐色，腹部为黄白色；指（趾）甲黑褐色；尾短。

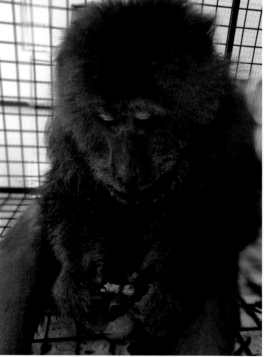

北白颊长臂猿 *Nomascus leucogenys* 别名：白颊长臂猿

分类地位	哺乳纲 MAMMALIA 灵长目 PRIMATES 长臂猿科 Hylobatidae

保护级别	国家一级、CITES 附录 I	贸易类型	死体

分　布	云南南部；越南北部、老挝北部

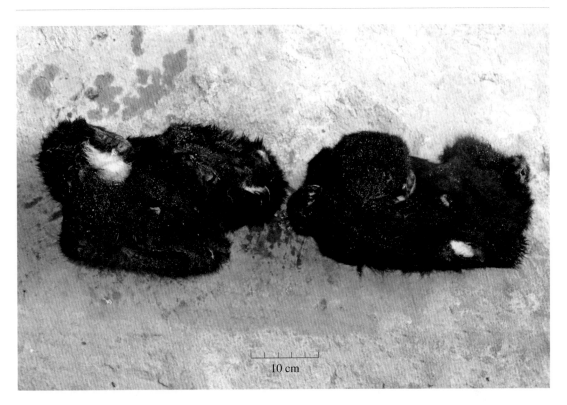

10 cm

◉ **鉴别特征** 体形较大，肩宽而臀部窄；脸黑褐色，手掌、指和脚掌、趾均为黑色，头顶有黑色冠毛，雄性周身被毛灰黑色，仅面颊两侧自嘴角至耳上部各有一块向上伸的白毛；前肢长于后肢；无尾巴。

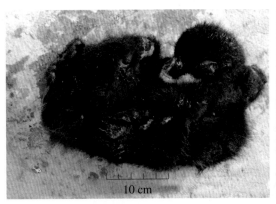

10 cm

库氏狨 *Callithrix kuhlii*

分类地位 哺乳纲 MAMMALIA 灵长目 PRIMATES 卷尾猴科 Cebidae
狨猴亚科 Callitrichinae

保护级别 CITES 附录 II **贸易类型** 活体

分布 巴西（巴伊亚、米纳斯吉拉斯）

👁 **鉴别特征** 体形小，似松鼠；头圆大，眼大、直视前方，脸似哈巴狗，具白色长须，面颊及前额有白色斑纹，耳朵大，耳内有黑色长毛；通体被毛，丝绒状；仅大脚趾具扁甲，其余各指、趾均为爪状的尖爪，后肢比前肢长；尾长，有横环，末端具长毛。

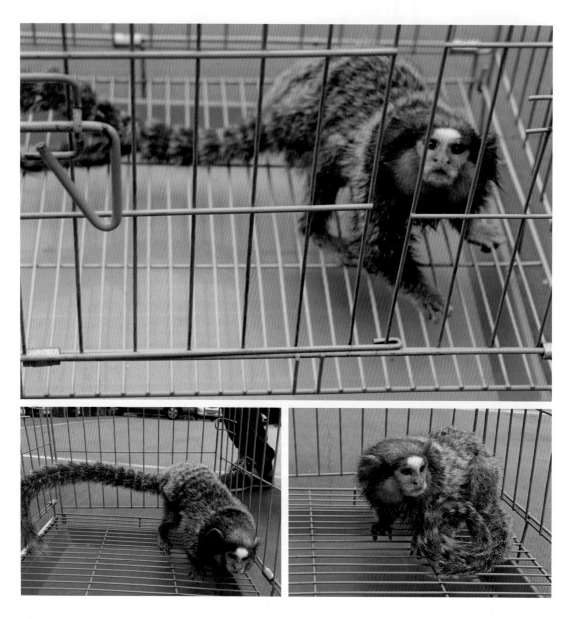

卷尾猴 *Cebus capucinus*

分类地位	哺乳纲 MAMMALIA 灵长目 PRIMATES 卷尾猴科 Cebidae

保护级别	CITES 附录 II	贸易类型	活体

分　布	哥伦比亚、委内瑞拉、巴西等

◉ **鉴别特征**　体形较小；面部周围为白色或黄白色，面部和肩膀为粉红色，喉部为白色，头顶处有一个"V"形的区域；体被毛为黑色；尾长且卷曲。

松鼠猴 *Saimiri sciureus*

分类地位 哺乳纲 MAMMALIA 灵长目 PRIMATES 卷尾猴科 Cebidae
松鼠猴亚科 Saimiriinae

保护级别 CITES 附录 II **贸易类型** 活体

分 布 巴西、哥伦比亚、厄瓜多尔等

👁 **鉴别特征** 体形纤细；口缘和鼻吻部为黑色，眼圈、耳缘、鼻梁、面颊、喉部和颈部两侧均为白色，毛短且厚，具有一对眼距宽的大眼睛和一对大耳朵；体色鲜艳多彩。

穿山甲 *Manis* spp.　　别名：鲮鲤

分类地位	哺乳纲MAMMALIA鳞甲目PHOLIDOTA穿山甲科Manidae
保护级别	国家一级、CITES附录Ⅰ或附录Ⅱ　　贸易类型　活体、死体、鳞片
分　布	亚洲南部、非洲的热带和亚热带地区

10 cm

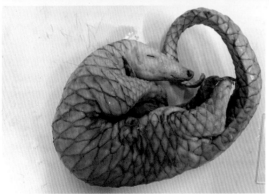

5 cm

◉ 鉴别特征　头窄长、较小，吻尖，体背、尾及四肢外表覆有瓦状、角质鳞片，但颜面部、腹部无鳞片，鳞片间及无鳞区有稀疏硬毛；四肢具利爪，前肢爪较长，遇到惊吓会蜷缩成团。

13

郊狼 *Canis latrans*

分类地位 哺乳纲 MAMMALIA 食肉目 CARNIVORA 犬科 Canidae

保护级别 非保护   **贸易类型** 皮张

分 布 美国、加拿大、墨西哥等

◉ **鉴别特征** 体形中等，皮张匀称；颜面部长，鼻端突出，耳尖；体毛粗而长，呈红褐色至灰黑色，背部毛色深，呈近黑色，外耳和腿脚的体毛偏黄色，腹部毛色浅；尾多毛且较发达。

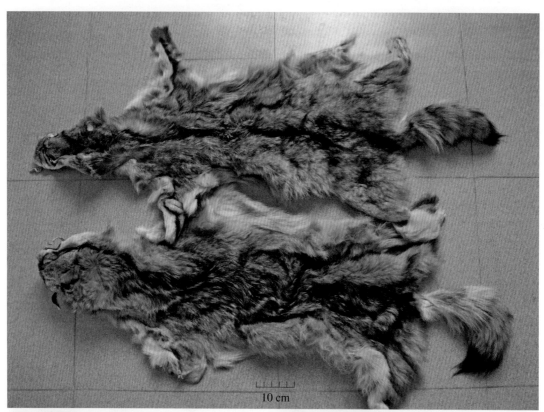

10 cm

狼 *Canis lupus*

分类地位	哺乳纲 MAMMALIA 食肉目 CARNIVORA 犬科 Canidae
保护级别	国家二级、CITES 附录 I 或附录 II　　**贸易类型**　皮张
分　布	亚洲、欧洲、北美和中东地区

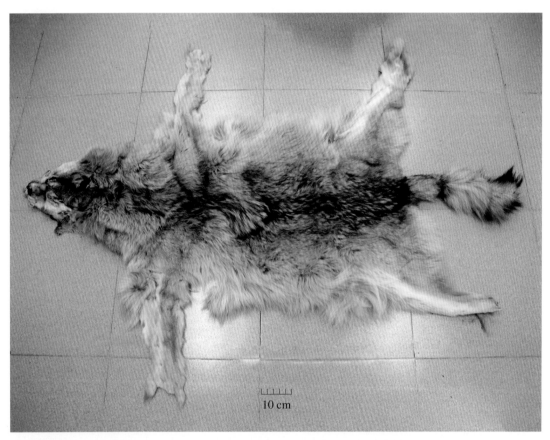

10 cm

◉ **鉴别特征**　体形大，皮张大；吻部、口角、两颊、下颌及喉部污白色；额部、耳、四肢的毛短而粗直，额部、耳郭外部及背中央有一深色暗带，背部底绒污灰色，略染棕黄色调，背部中央针毛粗而长；尾毛粗长，尾尖黑色。

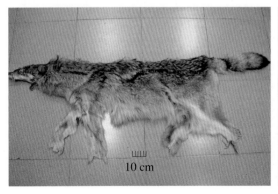

10 cm

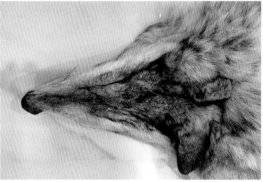

貉 *Nyctereutes procyonoides*

分类地位	哺乳纲 MAMMALIA 食肉目 CARNIVORA 犬科 Canidae
保护级别	国家二级（仅限野外种群）　　**贸易类型**　活体、死体、皮毛制品
分　布	中国中部、南部和东部；日本、蒙古、朝鲜等

◉ 鉴别特征　体形中等；吻尖，吻部棕灰色，两颊和眼周的毛为黑褐色，形成倒"八"字形的黑纹，耳短圆，面颊生有长毛；背毛黑棕色或棕黄色，针毛长，绒毛丰厚、细柔，针毛尖部黑色，中段浅黄白色，后段至根部黑色，绒毛浅灰色；四肢和尾较短；尾毛长而蓬松。

10 cm

北极狐 *Vulpes lagopus*　　　别名：白狐、雪狐

分类地位	哺乳纲 MAMMALIA 食肉目 CARNIVORA 犬科 Canidae		
保护级别	非保护	贸易类型	活体（宠物）、毛皮制品等
分　布	俄罗斯北部、格陵兰、挪威等		

◉ **鉴别特征**　体形较小、细长；耳短而圆，颌面部狭长，吻部尖，鼻裸露、黑色，颊后部生长毛；冬季全身覆盖致密白毛（夏季为黑色）；腿较粗短，脚底部密生长毛；尾毛蓬松，尖端白色。

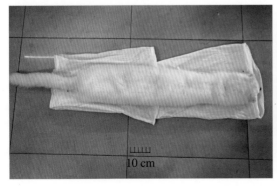

10 cm

赤狐 *Vulpes vulpes*   别名：红狐

分类地位	哺乳纲 MAMMALIA 食肉目 CARNIVORA 犬科 Canidae		
保护级别	国家二级	贸易类型	活体（宠物）、毛皮制品等
分 布	欧洲、亚洲和非洲北部的大部分地区		

◉ **鉴别特征**　体形纤长；吻尖而长，耳尖而直立，耳背毛黑色；体背毛较长，呈浅红棕色，两颊和四肢下部外侧黑色，腹部近白色；尾形粗大，覆毛长而蓬松，尾梢白色。

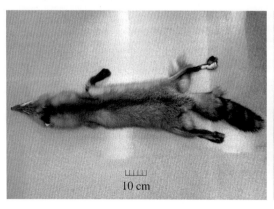

10 cm

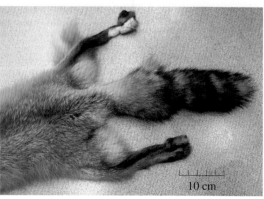

10 cm

熊

懒熊 *Melursus ursinus*、马来熊 *Helarctos malayanus*、
棕熊 *Ursus arctos*、黑熊 *Ursus thibetanus*

分类地位	哺乳纲 MAMMALIA 食肉目 CARNIVORA 熊科 Ursidae
保护级别	国家一级（马来熊）或国家二级（懒熊、棕熊、黑熊）、CITES 附录 I 或附录 II
贸易类型	熊掌、熊爪、熊牙、熊胆及熊胆粉等
分　布	中国、加拿大、美国等

◉ **鉴别特征**　头部宽、圆，耳朵大、圆，眼小；体毛呈淡棕色或黑色；四肢粗壮有力，脚掌硕大，尤其是前掌，脚掌上生有五个长着尖利爪钩的脚趾，爪钩不能收回；尾短。

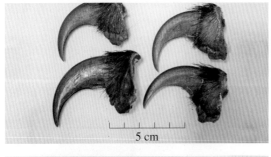

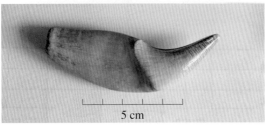

鼬科

小爪水獭 *Aonyx cinerea*　　别名：亚洲小爪水獭

分类地位	哺乳纲 MAMMALIA 食肉目 CARNIVORA 鼬科 Mustelidae
保护级别	国家二级、CITES 附录 I　　**贸易类型**　活体
分　布	中国南部和西南部；孟加拉国、缅甸、印度等

◉ **鉴别特征**　体形长，呈扁圆形，体色为均一的褐色；喉部和腹部色淡，有长而密的触须，头部宽而稍扁，吻短，眼圆且稍微突出；趾间具蹼；尾基部宽厚，但尾端骤然变尖，背腹两侧呈扁平状。

猪獾 *Arctonyx collaris*

分类地位 哺乳纲 MAMMALIA 食肉目 CARNIVORA 鼬科 Mustelidae
保护级别 国家"三有"　　**贸易类型** 活体、死体
分　布 中国多个省份；印度、越南、泰国等

◉ 鉴别特征　体形较小；眼小，耳短圆，鼻吻狭长而圆，吻端与猪鼻酷似，鼻垫与上唇间裸露无毛；四肢短粗有力，脚底趾间具毛，爪长而弯曲，前脚爪强大锐利；尾较长，基部粗壮，向末端逐渐变细。

21

石貂 *Martes foina*

分类地位	哺乳纲 MAMMALIA 食肉目 CARNIVORA 鼬科 Mustelidae
保护级别	国家二级　　　　　　　　贸易类型　皮张及其制品
分　布	中国西北、华北及西南地区；欧洲西部、中部

5 cm

◉ **鉴别特征**　体形纤细，体长 60～70 cm，尾长约 30 cm；体背毛棕灰色，体侧及腹面毛色较淡，颏、喉和前胸有乳白色、呈"V"形的斑块；尾毛蓬松，体毛较柔软，针毛棕褐色，绒毛丰厚。

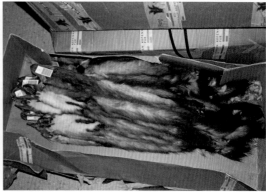

紫貂 *Martes zibellina*

分类地位	哺乳纲 MAMMALIA 食肉目 CARNIVORA 鼬科 Mustelidae
保护级别	国家一级 **贸易类型** 皮张及其制品
分　布	中国西北部和东北部；亚洲北部

◉ **鉴别特征**　体形细长，体长40～60 cm，尾长20～30 cm；四肢短健；全身棕褐色至灰褐色，针毛主要为黑色，其中分布着少量白色针毛，绒毛淡灰色或淡黄色，针毛、绒毛均光滑、柔软，喉部具有形状不规则的橙黄色或灰白色斑块；尾毛蓬松。

10 cm

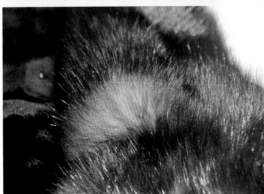

狗獾 *Meles meles*

分类地位	哺乳纲 MAMMALIA 食肉目 CARNIVORA 鼬科 Mustelidae
保护级别	国家"三有"
分　布	中国、哈萨克斯坦、韩国、朝鲜等

贸易类型　活体

◉ **鉴别特征**　体形较大；面部锥形，耳小而圆，颈短粗，头部有白色纵毛三条，面颊两侧各一条，中央一条由鼻尖到头顶，鼻垫发达，吻部形似狗吻，鼻垫与上唇间被毛；被毛粗糙；四肢短而粗壮，趾端具长而黑色的弯爪；尾巴较短。

鼬獾 *Melogale moschata*　　别名：山獾

分类地位　哺乳纲 MAMMALIA 食肉目 CARNIVORA 鼬科 Mustelidae

保护级别　国家"三有"　　　　**贸易类型**　活体、死体

分　布　中国中部和南部；印度、老挝北部、越南北部等

⊙ **鉴别特征**　体形细长而较小；鼻吻部长，耳小，前额、眼后、颊和颈部两侧有不规则形状的白色斑纹，从耳间的头顶到肩部有一苍白色条纹纵贯；全身针毛粗长，呈深灰褐色；四肢短。

黄腹鼬 *Mustela kathiah*

分类地位	哺乳纲 MAMMALIA 食肉目 CARNIVORA 鼬科 Mustelidae

保护级别	国家"三有"	贸易类型	死体、标本

分　布	长江流域及以南地区；印度东北部、缅甸、尼泊尔等

◉ **鉴别特征**　体形细长；背部体毛为深咖啡褐色，腹面自喉部至尾巴基部为亮金黄色或橙黄色；四肢较短。

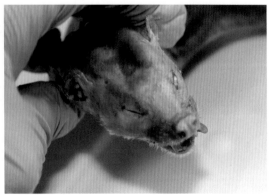

林鼬 *Mustela putorius*

分类地位	哺乳纲 MAMMALIA 食肉目 CARNIVORA 鼬科 Mustelidae

保护级别	非保护	贸易类型	活体（宠物）

分　布	欧洲、非洲北部、亚洲西部等

◉ **鉴别特征**　体长35～51 cm，尾长12～19 cm；头部、喉部近白色，吻端部为肉红色；体色主要为灰褐色至黑色。

黄鼬 *Mustela sibirica*

分类地位	哺乳纲 MAMMALIA 食肉目 CARNIVORA 鼬科 Mustelidae	
保护级别	国家"三有"	贸易类型　毛皮、死体、标本
分　布	中国的中部、东部、南部和西北部；亚洲	

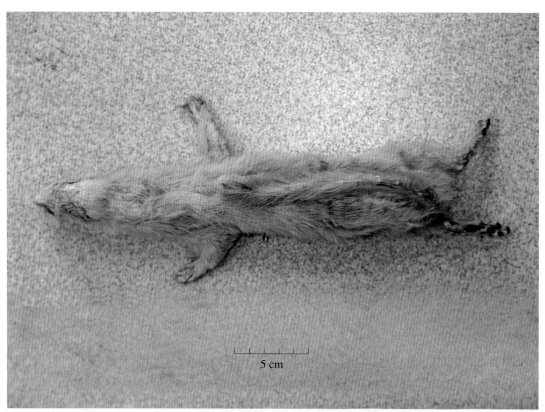

5 cm

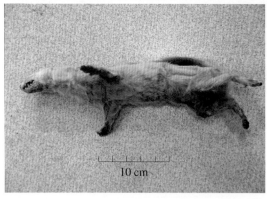

10 cm

◉ **鉴别特征**　体形较小，细长；头小，颈长，吻端和颜面部深褐色，眼周暗褐色，上下唇白色；背部毛棕黄色，体腹面颜色略淡，尾部、四肢与背部颜色一致；四肢短；尾长约为体长的一半，尾毛蓬松。

水貂 *Mustela vison*

分类地位 哺乳纲 MAMMALIA 食肉目 CARNIVORA 鼬科 Mustelidae

保护级别 非保护

贸易类型 皮张及其制品

分布 原产于欧美，现已大规模人工养殖

⊙ **鉴别特征** 体形呈细长条状；四肢短健，尾较细且短；半成品熟皮有不同程度的加工处理，皮层较柔软，颜色多样，皮毛上绒毛丰厚、柔软、光滑，针毛粗硬，散布于绒毛中。

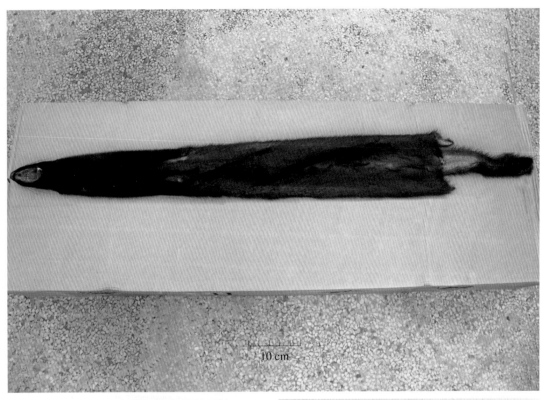

10 cm

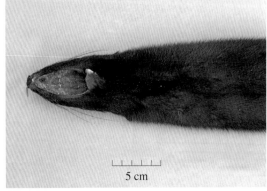

5 cm

果子狸 *Paguma larvata* 别名：花面狸

分类地位	哺乳纲 MAMMALIA 食肉目 CARNIVORA 灵猫科 Viverridae
保护级别	国家"三有" 　贸易类型 活体、死体、皮毛
分　布	中国南部、东部和中部；孟加拉国、缅甸、柬埔寨等

◉ **鉴别特征** 体形中等；头颈部黑色，面部白斑与面颊及眼周的黑褐色形成"花面"；体毛青灰色；尾长，尾端黑色。

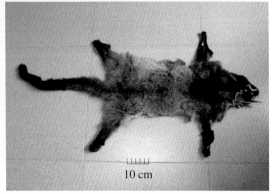

10 cm

斑林狸 *Prionodon pardicolor*

分类地位	哺乳纲 MAMMALIA 食肉目 CARNIVORA 灵猫科 Viverridae
保护级别	国家二级、CITES 附录 I　　**贸易类型** 活体、死体及制品
分　布	广东、广西、贵州等；尼泊尔、老挝、缅甸等

◉ **鉴别特征**　体形纤细，体长约 35 cm，尾长约 30 cm，是中国最小的灵猫科动物；颈长；体侧的花纹由大斑点、从前额到肩部的两条黑色纵纹组成；身体两侧各有 3～4 排斑点；四肢短；尾上有 8～10 个尾环，尾尖白色。

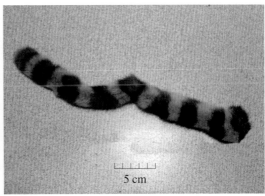

5 cm

小灵猫 *Viverricula indica* 别名：麝香猫

分类地位	哺乳纲 MAMMALIA 食肉目 CARNIVORA 灵猫科 Viverridae
保护级别	国家一级 贸易类型 活体、死体
分　布	淮河流域、长江流域及以南地区；印度、缅甸、泰国等

◉ **鉴别特征** 体长48～58 cm，尾长33～41 cm；吻部尖，额部狭窄，颈部有黑褐色横行斑纹；全身灰黄色或浅棕色，背部有棕褐色条纹，体侧有黑褐色斑点；四肢细短，四脚乌黑；尾细长，有棕黑相间的环纹。

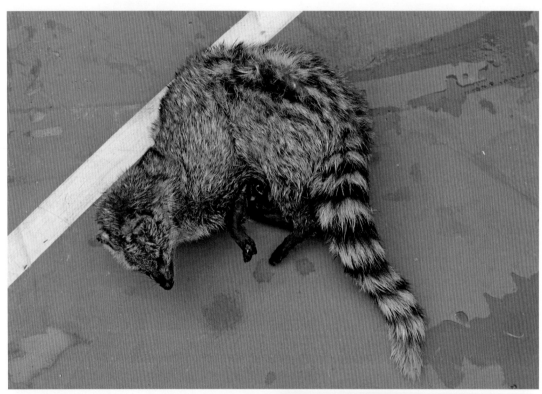

狮 *Panthera leo*　　别名：狮子

分类地位	哺乳纲 MAMMALIA 食肉目 CARNIVORA 猫科 Felidae
保护级别	CITES 附录 I 或附录 II　　**贸易类型** 狮皮、狮骨、狮爪、狮犬牙等
分　布	非洲和亚洲

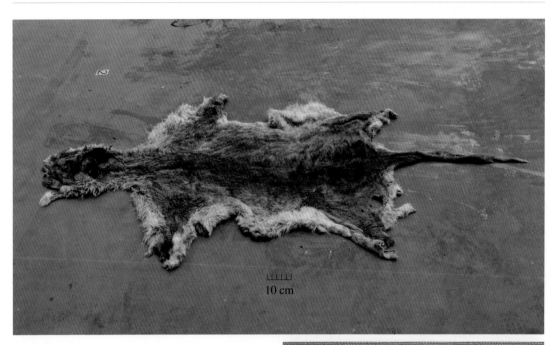

10 cm

👁 **鉴别特征**　在猫科动物中，体形仅次于虎；头宽大而浑圆，吻宽，鼻骨较长，鼻头黑色，颌下有长的触须；体色为浅灰色、黄色或茶色，身体局部隐现斑纹；毛短，雄狮头、颈、肩、胸部具淡棕色、深棕色或黑色的鬃毛；尾长，末端具一簇深色长毛。

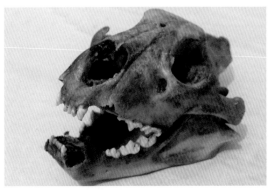

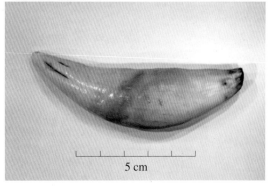

5 cm

猫科

豹 *Panthera pardus* 别名：金钱豹、花豹等

分类地位	哺乳纲 MAMMALIA 食肉目 CARNIVORA 猫科 Felidae

保护级别 国家一级、CITES 附录 I　　**贸易类型** 皮、爪、牙等组织

分　布 非洲和亚洲

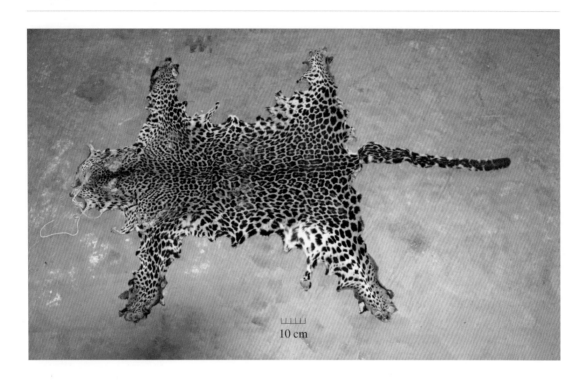

10 cm

👁 **鉴别特征**　体形似虎，但明显较小；豹皮长约 200 cm，通常沿腹部中线剪开，呈片状；毛被底色黄色，背中部毛色深，颏下及腹面毛被底色白色，通体布满大小不同的黑色环状斑，斑点中心毛色较底色略深；猫科动物犬齿形态特征相近，豹牙冠高度 3～4 cm，牙尖侧面具 1 条或 2 条"血槽"。

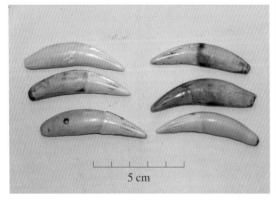

5 cm

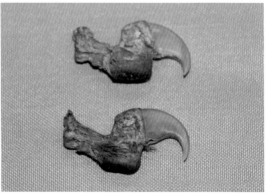

虎 *Panthera tigris* 别名：老虎、大虫等

分类地位	哺乳纲MAMMALIA 食肉目CARNIVORA 猫科Felidae
保护级别	国家一级、CITES附录Ⅰ　**贸易类型**　虎皮、虎骨、虎爪、虎犬牙、虎鞭等
分　布	中国除海南和台湾外，各省份均有分布；印度、俄罗斯远东地区，朝鲜半岛等

◉ **鉴别特征**　体形大；头圆，头部皮肤上的黑色条状斑纹呈"王"字形，颈粗短，全身毛呈橙黄色，布满黑色条状斑纹，腹面及四肢内侧为白色，尾上有约10个黑环；虎骨断后不呈空洞，而显丝瓜络状；虎爪呈半圆钩形，爪弧腹部有一条由鞘层形成的深沟；虎犬牙顺沿着齿冠有多条沟状的槽。

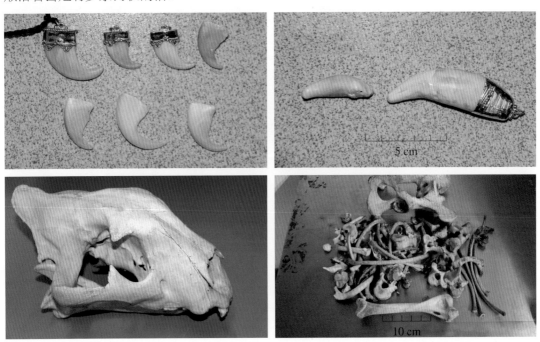

雪豹 *Panthera uncia*

分类地位	哺乳纲 MAMMALIA 食肉目 CARNIVORA 猫科 Felidae	
保护级别	国家一级、CITES 附录 I	贸易类型 豹皮、豹爪、豹牙等
分　布	甘肃、内蒙古西部、青海等；阿富汗、不丹、印度等	

◉ **鉴别特征**　头小而圆，体毛色为灰黑色和白色相嵌合，并有黑色的环或者斑纹，腹部白色；头和颈部的斑点是实心的，身体上的斑点呈现为不规则的圆环；在背部，斑点连接在一起，形成自颈部到尾基部的两条黑色纹线；四肢部分可见锋利的爪及肉垫组织。

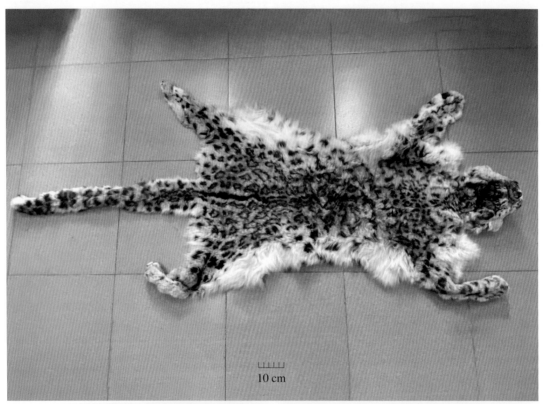

10 cm

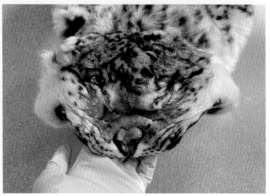

豹猫 *Prionailurus bengalensis*　　别名：石虎、山猫等

分类地位	哺乳纲MAMMALIA食肉目CARNIVORA猫科Felidae
保护级别	国家二级、CITES附录Ⅰ或附录Ⅱ
贸易类型	活体（宠物）、皮及制品等
分　布	中国、俄罗斯、朝鲜及东南亚等

◉ **鉴别特征**　体形较小；头圆，从头部至肩部有4条棕褐色条纹，两眼内缘向上各有1条白纹，耳背具有淡黄色斑；全身背面体毛为浅棕色，布满棕褐色至淡褐色斑点；尾细长，背面有褐色斑点或半环，尾端黑色或暗灰色。

海豹 Phocidae spp.

分类地位 哺乳纲 MAMMALIA 食肉目 CARNIVORA 海豹科 Phocidae

保护级别 国家一级（西太平洋斑海豹 *Phoca largha*）或国家二级（髯海豹 *Erignathus barbatus* 和环海豹 *Pusa hispida*）、CITES 附录 I（僧海豹属所有种 *Monachus* spp.）或附录 II（南象海豹 *Mirounga leonina*）

贸易类型 皮张及其制品

分　布 西太平洋斑海豹分布于广东、福建、山东等水域，以及北太平洋的加拿大、日本、俄罗斯等水域

◉ **鉴别特征** 制品呈长椭圆形，毛皮表面覆盖致密光亮的软毛，毛短，手感光滑细腻，散布不规则黑色斑块。

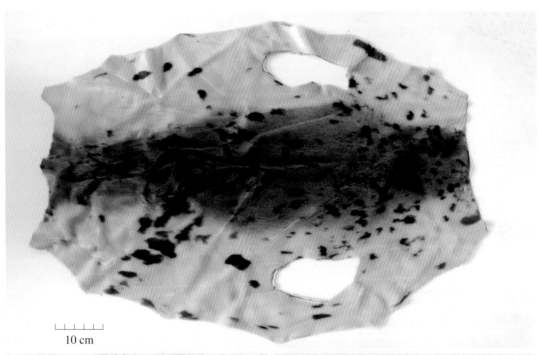

10 cm

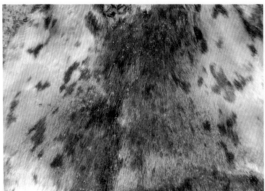

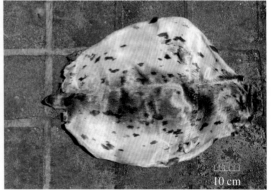

10 cm

海象 *Odobenus rosmarus*

分类地位	哺乳纲 MAMMALIA 食肉目 CARNIVORA 海象科 Odobenidae

保护级别	核准为国家二级	贸易类型	原牙、牙段及牙制品

分　布	北冰洋、太平洋和大西洋北部等海域

10 cm

◉ **鉴别特征** 犬齿呈獠牙状突出于体外，呈镰刀状弯曲，牙体外表面有细微的纵向裂纹；横切面一般为卵圆形并有宽的空白缺刻，可见明显的次生牙本质结构，呈大理石样或粥样花纹；牙本质外有很厚的牙骨质层，牙本质和牙骨质之间有一圈白而清晰的环纹。

39

浣熊 *Procyon lotor*

分类地位	哺乳纲 MAMMALIA 食肉目 CARNIVORA 浣熊科 Procyonidae
保护级别	非保护
分布	加拿大南部、美国，中美洲大部分地区

贸易类型　毛皮制品

◉ **鉴别特征**　体形肥圆；头部略呈三角形，口边具长胡须，吻、眼上方为白色，眼周、面颊和裸鼻为黑色；体色主要为棕色、黄色、灰色，腹部颜色较淡；四肢粗短；尾巴粗而长，有白色和棕色的环节。

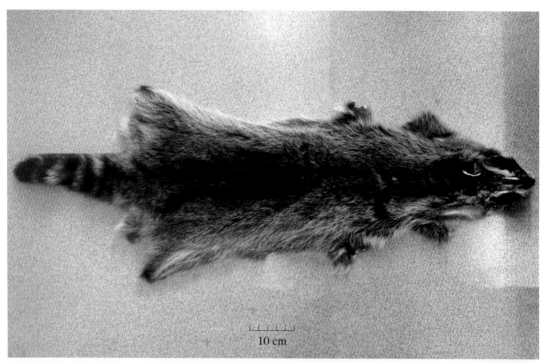

10 cm

食蟹獴 *Herpestes urva*

分类地位	哺乳纲 MAMMALIA 食肉目 CARNIVORA 獴科 Herpestidae

保护级别	国家"三有"	贸易类型	活体

分　布	中国南方多个省份；印度、孟加拉国、越南等

◉ **鉴别特征**　体形中等；鼻吻尖长，耳短小，吻部及眼周的短毛棕褐色，颊、额、头顶及耳朵均被黑色的短毛；自口角经颊部、颈侧向后直到肩部各有一条白色纵纹；颈短而粗，体躯稍粗壮，体毛、尾毛均粗长而蓬松；四肢短矮，各具五趾。

象科

现代象　　亚洲象 *Elephas maximus*、非洲象 *Loxodonta africana*

分类地位	哺乳纲 MAMMALIA 长鼻目 PROBOSCIDEA 象科 Elephantidae
保护级别	国家一级（亚洲象）、CITES 附录 I 或附录 II
贸易类型	原牙、牙段、象牙制品
分　布	亚洲象分布在中国云南及东南亚等；非洲象主要分布在非洲

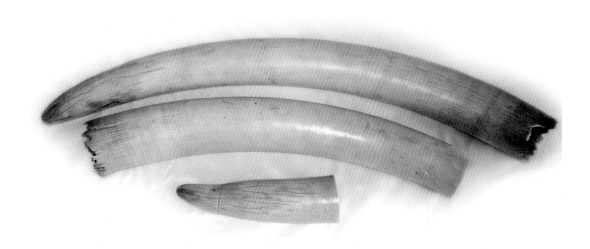

👁 **鉴别特征**　　象牙的横切面上施雷格线交叉形成的夹角是钝角（角度大于90°），施雷格线粗且稀疏，在紫外灯照射下，象牙呈现出白蓝色或紫蓝色的荧光。

10 cm

猛犸象 *Mammuthus primigenius*

分类地位 哺乳纲MAMMALIA长鼻目PROBOSCIDEA象科Elephantidae

保护级别 非保护（灭绝物种）　　贸易类型 原牙、牙段、象牙制品

⊙ **鉴别特征**　象牙的横切面上施雷格线交叉形成的夹角是锐角（角度小于90°），线比较细和致密，在紫外灯照射下，象牙会出现紫色的瑕点；猛犸象象牙都是年代久远的，经长时间的风化、腐蚀等，牙会变黄色、开裂、外周碳化。

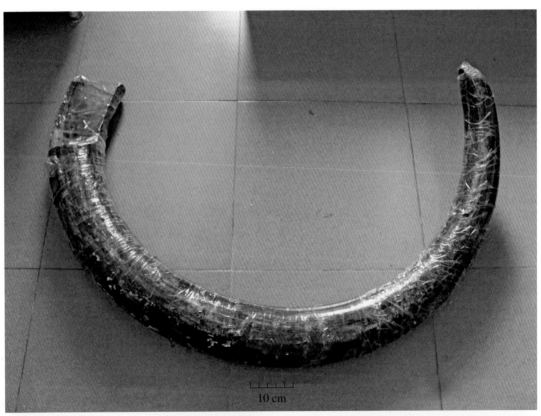

10 cm

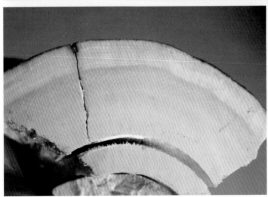

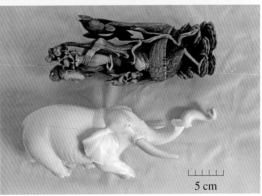

5 cm

犀科

非洲犀 白犀 *Ceratotherium simum*、黑犀 *Diceros bicornis*

分类地位 哺乳纲 MAMMALIA 奇蹄目 PERISSODACTYLA 犀科 Rhinocerotidae

保护级别 CITES 附录 I 或附录 II　　**贸易类型** 整角、角块、角制品

分　布 非洲

⊙ **鉴别特征** 角呈圆锥形，为表皮角，完全由表皮角质层的毛状胶质纤维组成，类似竹丝一样可以层层剥落，并且剥离面呈现出粗糙的类似竹丝的纹理，角体表面下 1/3 处密布刺手的"刚毛"；犀牛角纵切面有平行的"竹丝纹"，横切面具有"鱼子纹"。

10 cm

斑马 *Equus burchellii*　　别名：普通斑马

分类地位	哺乳纲 MAMMALIA 奇蹄目 PERISSODACTYLA 马科 Equidae

保护级别	非保护	**贸易类型**	皮张制品

分　布	非洲东部至南部的热带稀树草原及开阔森林

◉ **鉴别特征**　体形大；头部长而宽，具对称的黑白纹，唇黑色，耳狭长，颈背部黑白相间的鬃毛多而长；全身分布着黑白相间的宽条纹，身体前部的条纹垂直，向后部逐渐过渡到水平条纹；四肢的黑白条纹细而密。

45

麝 *Moschus* spp.

分类地位	哺乳纲MAMMALIA 偶蹄目ARTIODACTYLA 麝科Moschidae
保护级别	国家一级、CITES附录Ⅰ或附录Ⅱ
贸易类型	麝香囊（主要取自雄性的林麝、原麝、马麝）
分　布	中国多个省份；蒙古、越南、不丹等

5 cm

◉ **鉴别特征**　制品呈扁圆形的囊状物，囊直径长5～7 cm，开口面略扁平，密生灰白色或棕褐色的细短毛，呈旋涡状排列，中央的小孔（囊口）直径2～3 mm；背面为一层微皱缩而柔软的内皮，棕褐色，略带紫色；囊内为黑褐色软膏状物，质柔软，微有弹性，有浓郁的香气。

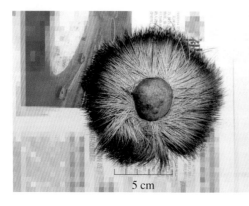

5 cm

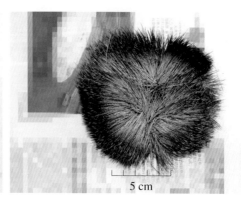

5 cm

驼鹿 *Alces alces*　　别名：四不像

分类地位	哺乳纲 MAMMALIA 偶蹄目 ARTIODACTYLA 鹿科 Cervidae

保护级别	国家一级	贸易类型	整角、角段、带头骨角制品

分　布	新疆（阿尔泰）；俄罗斯西伯利亚西部和斯堪的纳维亚等

◉ **鉴别特征**　雄性生有巨大而形状特异的骨质角，向水平方向伸展，中间为宽阔平坦的掌面，其上有很多分枝。

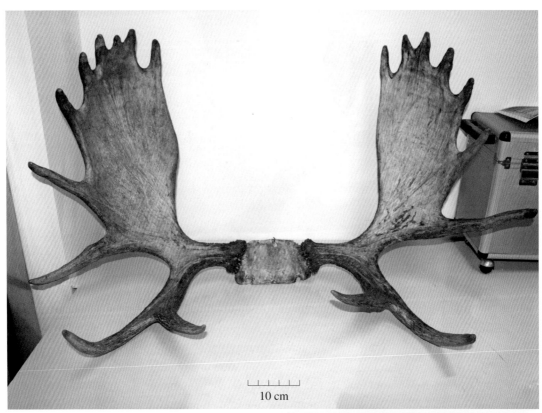

10 cm

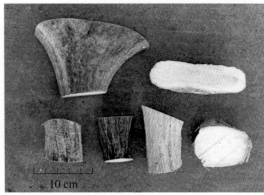

10 cm

狍 *Capreolus capreolus* 别名：狍子

分类地位	哺乳纲 MAMMALIA 偶蹄目 ARTIODACTYLA 鹿科 Cervidae

分类地位 哺乳纲 MAMMALIA 偶蹄目 ARTIODACTYLA 鹿科 Cervidae

保护级别 国家"三有"　　　　**贸易类型** 角、带骨角制品

分　布 中国中部、西南部、西北部和东北部

◉ **鉴别特征** 中小型鹿类；雄性具骨质角，成角一般分三叉；整个角的表面覆有许多小结节。

10 cm

马鹿 *Cervus canadensis*　　别名：八叉鹿、赤鹿等

分类地位	哺乳纲 MAMMALIA 偶蹄目 ARTIODACTYLA 鹿科 Cervidae
保护级别	国家二级（仅限野外种群）、CITES 附录 Ⅰ 或附录 Ⅱ
贸易类型	整角、角段、鹿茸片
分　布	中国东北、西北、华中及新疆的温带山地

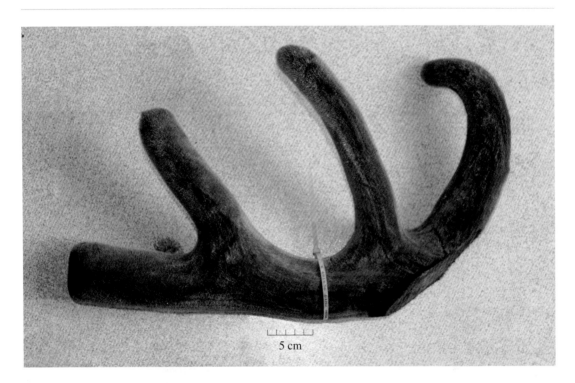

5 cm

◉ **鉴别特征**　角柄短，眉叉从角盘上方伸出，第 2 叉与眉叉相距甚近，第 2 叉与第 3 叉之间有较大的间隙。鹿茸为未完全骨化的茸角，表面黄褐色，被短而致密的茸毛，切面鲜红色，可见较致密的结缔组织，具丰富的血管；鹿茸片呈椭圆形片状，外表面茸毛灰褐色或灰黄色，外皮灰黑色、较厚，中部灰白色或黄白色，密布蜂窝状小孔，气腥味稍咸。

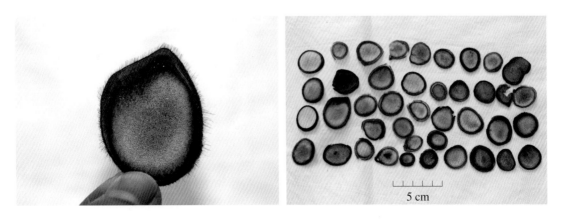

5 cm

水鹿 *Cervus equinus*　　别名：黑鹿

分类地位	哺乳纲 MAMMALIA 偶蹄目 ARTIODACTYLA 鹿科 Cervidae
保护级别	国家二级　　　　**贸易类型**　整角、角段
分　布	中国南部和西南部热带及亚热带地区

◉ **鉴别特征**　雄性具角，角从额部的后外侧生出，稍向外倾斜，相对的角叉形成"U"形。角三叉，包括一个眉叉和主干在末端的分叉，最末端的两个叉一般是等长的。

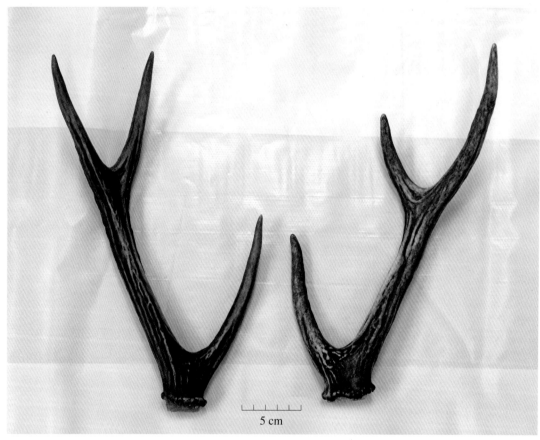

5 cm

10 cm

梅花鹿 *Cervus nippon*

分类地位	哺乳纲 MAMMALIA 偶蹄目 ARTIODACTYLA 鹿科 Cervidae
保护级别	国家一级（仅限野外种群）
分　　布	中国东部；俄罗斯西伯利亚东部、日本，朝鲜半岛等

贸易类型　活体、角制品

◉ **鉴别特征**　体形较大；头部略圆，颜面部较长，鼻端裸露，耳长且直立；雄性具分叉角，颈部长，四肢细长，主蹄狭而尖，侧蹄小，尾较短，体毛棕黄色，在背脊两旁和体侧下缘镶嵌着许多排列无序的白色斑点；角为实心、分叉，角基部呈盘状，具不规则瘤状突起，角表面较光滑，分叉的尖端光滑，第1枝与珍珠盘相距较近，第2枝与第1枝相距较远，主枝末端分成2个小枝。

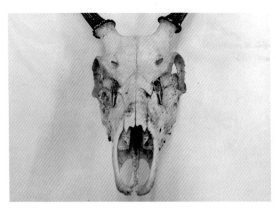

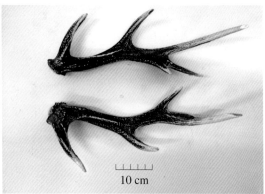

10 cm

小麂 *Muntiacus reevesi*

分类地位	哺乳纲 MAMMALIA 偶蹄目 ARTIODACTYLA 鹿科 Cervidae

保护级别	国家"三有"	贸易类型	死体、组织块等

分　布	中国中部、南部和东南部地区

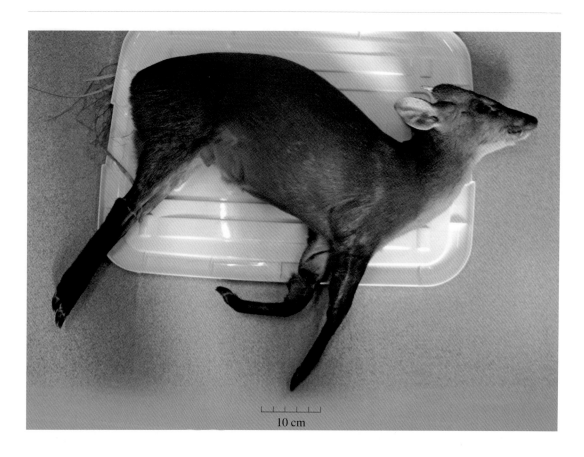

10 cm

◉ **鉴别特征**　体色呈红胡桃色，具有黑褐色的四肢，额部红褐色，有一明显的黑色条纹沿着颈背面延伸到背部，喉、颏和尾下白色；尾短，带红色。

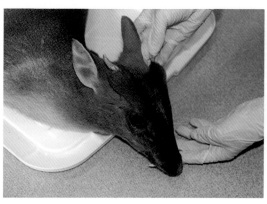
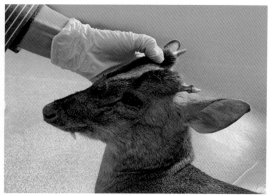

白尾鹿 *Odocoileus virginianus*

分类地位 哺乳纲MAMMALIA 偶蹄目ARTIODACTYLA 鹿科Cervidae

保护级别 非保护 　　贸易类型 角、带角头骨标本

分　布 加拿大南部、美国大部分地区和南美洲北部

👁 **鉴别特征** 角形特殊，角干向外后侧伸出后呈弧形向前，两角几乎呈半圆形弯曲，无眉枝，扭转后伸出3~4个逐渐缩短的分叉。

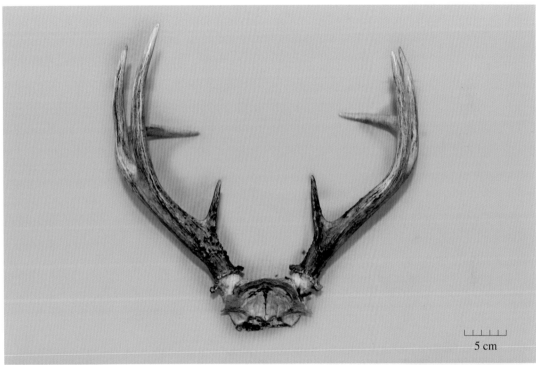

5 cm

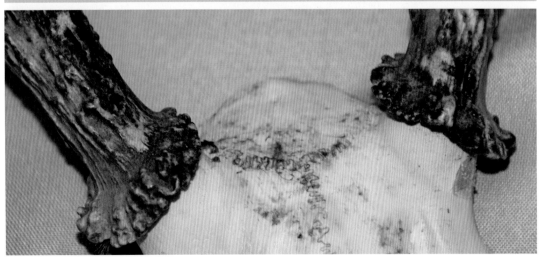

驯鹿 *Rangifer tarandus*

分类地位	哺乳纲 MAMMALIA 偶蹄目 ARTIODACTYLA 鹿科 Cervidae
保护级别	国家"三有"

贸易类型 整角、角段、皮张等

分　布 大兴安岭东北部林区；欧洲北部和北美洲北部

◉ **鉴别特征**　雌雄均具角，角形变化大，一般呈珊瑚状分枝，很少对称；前叉长而平伸，常为掌状。被毛色灰，呈羊毛状，夏毛褐色而较细，腹面白色。

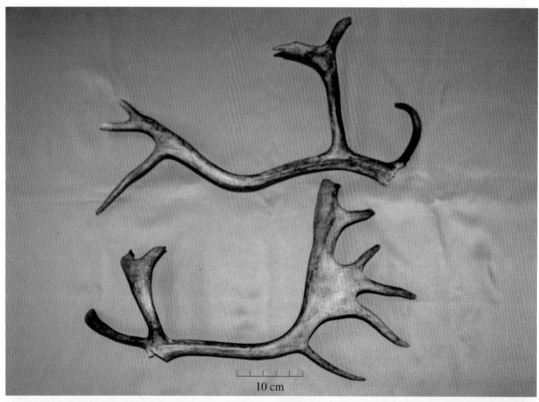

10 cm

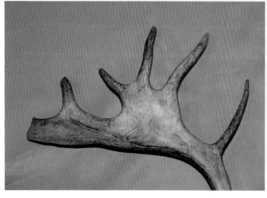

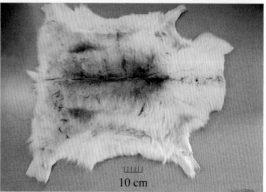

10 cm

高角羚 *Aepyceros melampus* 别名：黑斑羚

分类地位 哺乳纲 MAMMALIA 偶蹄目 ARTIODACTYLA 牛科 Bovidae

保护级别 非保护　　　　　　　　　**贸易类型** 角及其制品

分　布 纳米比亚、肯尼亚、坦桑尼亚、乌干达等

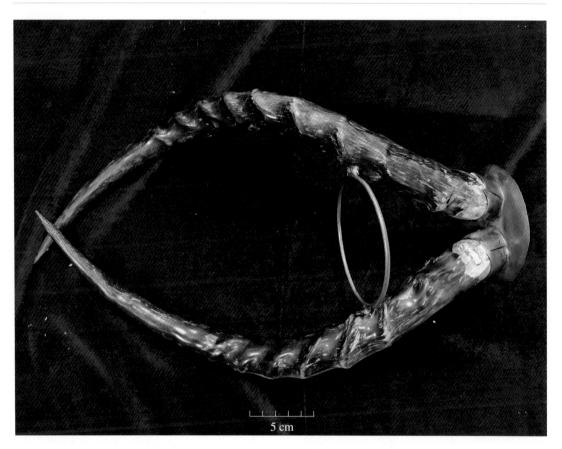

5 cm

👁 **鉴别特征** 雄性有弯曲向上的角，角长45～92 cm，角从基部至中段具有棱环，角尖光滑，表面角质层黑褐色，角内空心。

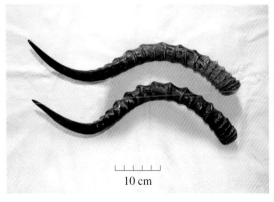

10 cm

跳羚 *Antidorcas marsupialis*　　别名：南非小羚羊

分类地位	哺乳纲 MAMMALIA 偶蹄目 ARTIODACTYLA 牛科 Bovidae
保护级别	非保护　　　　　　　　贸易类型　角、皮毛制品
分　布	非洲南部

10 cm

◉ **鉴别特征**　雄兽和雌兽均有弯曲的角，尖端向上。背面毛黄褐色，臀部及其背面、腹部、四肢内侧均为白色，在身体两侧背腹之间有一红褐色条带，从臀部沿脊柱直到后背的中部有一簇较长的白毛。

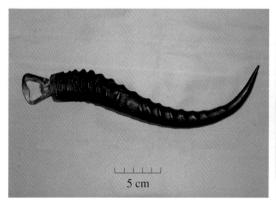

5 cm

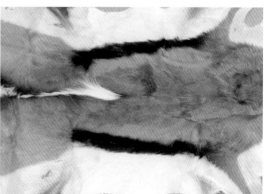

鹅喉羚 *Gazella subgutturosa*　　别名：长尾黄羊

分类地位	哺乳纲 MAMMALIA 偶蹄目 ARTIODACTYLA 牛科 Bovidae

保护级别	国家二级	贸易类型	角、皮张、带骨角制品

分　布	中国北部和西北部海拔较低的荒漠地区；蒙古、巴基斯坦和阿拉伯地区等

◉ **鉴别特征**　雌性无角，雄性具角，长约 30 cm，角微向后弯，近尖端一段略向内侧上方弯转；除角尖外均有显著的环棱，环棱数随年龄而增加，成年个体可达 17 条。背部毛色较浅，呈淡黄褐色；胸部、腹部和四肢内侧毛都呈白色；尾巴毛为黑棕色，靠近基部的一半为赭黄色。

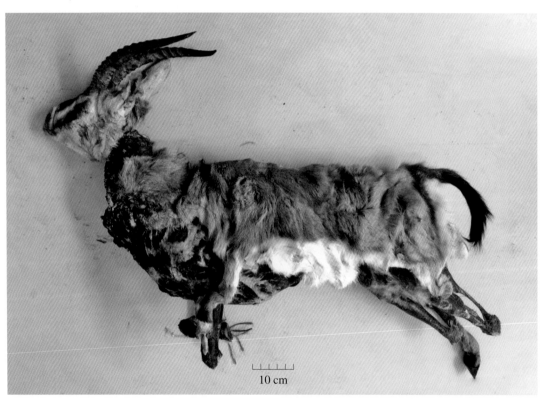

10 cm

10 cm

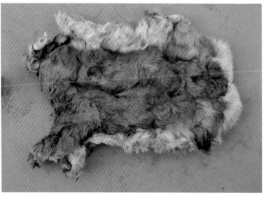

盘羊 *Ovis ammon*

分类地位 哺乳纲 MAMMALIA 偶蹄目 ARTIODACTYLA 牛科 Bovidae

保护级别 国家二级、CITES 附录 II　　**贸易类型** 角及其制品

分　布 中国西部山地；巴基斯坦、印度北部、尼泊尔等

◉ **鉴别特征** 雄性和雌性均有角，雄性的角自头顶长出后，两角略微向外侧后上方延伸，随即再向下方及前方弯转，角尖最后又微微往外侧上方卷曲；呈螺旋状，其横切面近圆形，角表面有许多环纹。

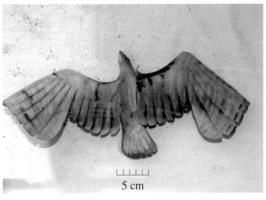

5 cm

5 cm

藏羚 *Pantholops hodgsonii*

分类地位	哺乳纲 MAMMALIA 偶蹄目 ARTIODACTYLA 牛科 Bovidae
保护级别	国家一级、CITES 附录 I　　**贸易类型** 角、带骨角制品
分　布	青海、西藏等；克什米尔

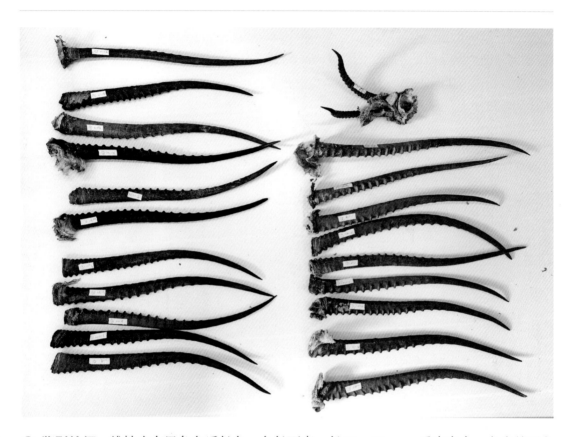

👁 **鉴别特征**　雄性生有黑色角质长角，角长而直，长 50～70 cm，垂直向上，角尖处两角又相向向内微微弯曲，两角尖相距约 35 cm；自角基部向上有横向而等距的环嵴，在前方突出较明显，角尖部较平滑。

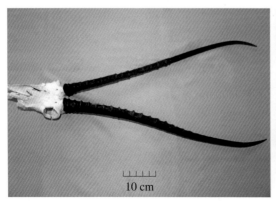

10 cm

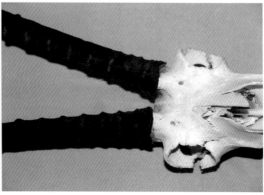

蒙原羚 *Procapra gutturosa*　　别名：黄羊

分类地位　哺乳纲 MAMMALIA 偶蹄目 ARTIODACTYLA 牛科 Bovidae

保护级别　国家一级　　　　　　　　**贸易类型**　角、带骨角组织

分　布　中国北方干草原和半荒漠地带；蒙古、俄罗斯西伯利亚（与中国北部草原相邻的部分）

◉ **鉴别特征**　雄性具短角，角长约 20 cm，角基部有环形横棱，尖端平滑，逐渐向后方略微斜向弯曲，呈弧形外展，最后两个角尖彼此相对；角的内部为骨质，外面是表皮角质化形成的角鞘。

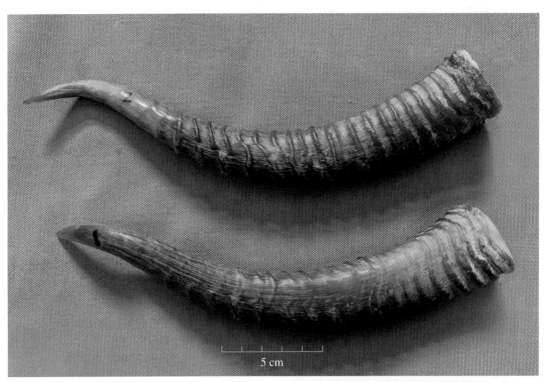

5 cm

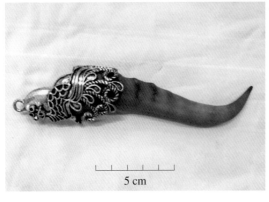

5 cm

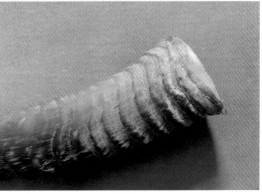

藏原羚 *Procapra picticaudata*

分类地位	哺乳纲 MAMMALIA 偶蹄目 ARTIODACTYLA 牛科 Bovidae		
保护级别	国家二级	贸易类型	角、带骨角制品
分　布	甘肃、青海、西藏等		

5 cm

5 cm

◉ **鉴别特征**　雄性具角，先向上生长，然后向后伸展，快到角的尖端时再指向上方；雄性具粗大横脊的两角近于平行，不像其他羚羊那样向两侧分开。

牛科

赛加羚羊 *Saiga tatarica*　　别名：高鼻羚羊

分类地位　哺乳纲 MAMMALIA 偶蹄目 ARTIODACTYLA 牛科 Bovidae

保护级别　国家一级、CITES 附录 II　　贸易类型　角及其制品

分　布　新疆；俄罗斯、蒙古和哈萨克斯坦

⦿ **鉴别特征**　角长 20～35 cm，角基部具粗的横棱，尖端上翘，角呈微黄色，半透明，具骨质芯，表面具规则的纵向排列的细丝纹。

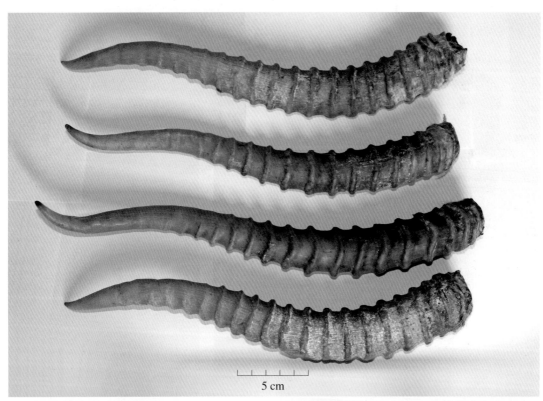

5 cm

5 cm

薮羚 *Tragelaphus scriptus*

分类地位	哺乳纲 MAMMALIA 偶蹄目 ARTIODACTYLA 牛科 Bovidae

保护级别	非保护	贸易类型	角制品

分　布	非洲

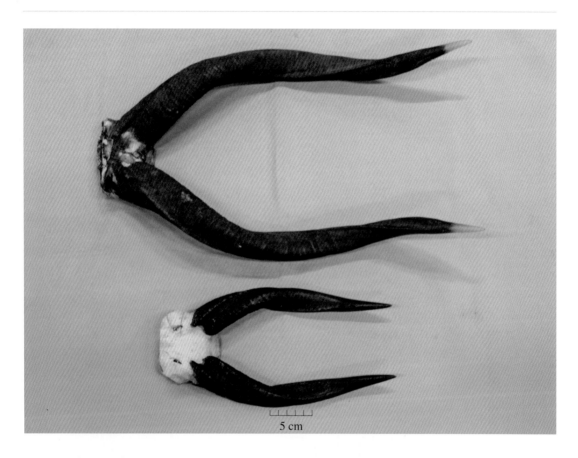

5 cm

◉ **鉴别特征**　雄性生向上的长角；角的中间空洞，外周为深色的角质鞘，角外形侧扁，表面较光滑，纵向棱明显，由角基部至端部呈螺旋扭曲状。

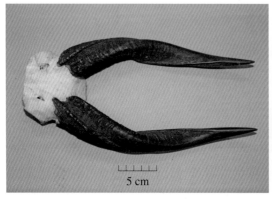

5 cm

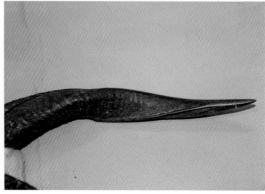

扭角林羚 *Tragelaphus strepsiceros* 别名：大弯角羚

分类地位 哺乳纲 MAMMALIA 偶蹄目 ARTIODACTYLA 牛科 Bovidae

保护级别 非保护   **贸易类型** 角及其制品

分　布 非洲东部和南部

◉ **鉴别特征** 雄性生螺旋状角质角；角形侧扁，经打磨后表面光滑并具有细丝纵纹，角基部具横棱；由角基部至端部呈开放的螺旋状扭曲，扭曲近2圈，角尖端近白色。

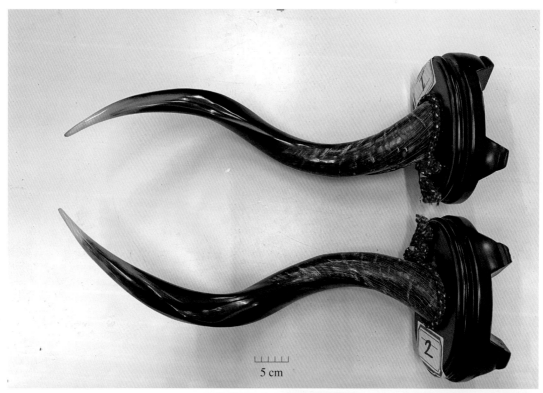

5 cm

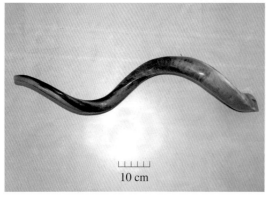

10 cm

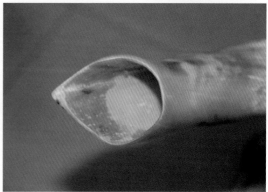

河马 *Hippopotamus amphibius*

分类地位 哺乳纲 MAMMALIA 偶蹄目 ARTIODACTYLA 河马科 Hippopotamidae

保护级别 CITES 附录 II　　　贸易类型 原牙、牙段及牙制品

分　布 非洲热带河流水域

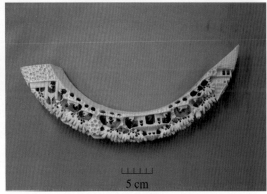

5 cm

◉ **鉴别特征**　上下犬齿和门齿均可终身生长。门齿直，呈栓形；上下犬齿弯曲，下犬齿是河马最大的牙，高度弯曲，横切面为三角形；弯曲的上犬齿的横切面为卵圆形或圆形，弯曲腹面有一凹陷缺刻纵贯全牙；借助放大镜，可见横切面上牙本质有紧密堆积的细同心线，牙的中心有间质。

野猪 *Sus scrofa*

分类地位	哺乳纲 MAMMALIA 偶蹄目 ARTIODACTYLA 猪科 Suidae		
保护级别	国家"三有"	贸易类型	活体、死体
分　布	亚欧大陆		

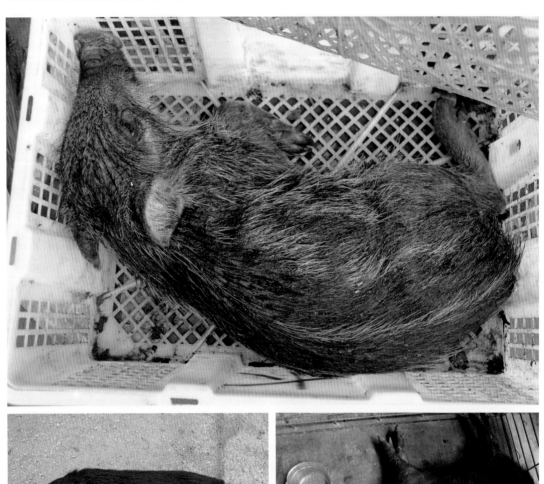

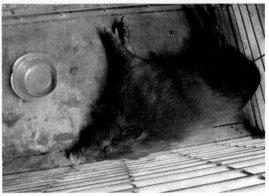

◉ **鉴别特征**　体形较大；头较长，耳小而直立，吻部突出，似圆锥体，端部为裸露的软骨垫，两个圆形鼻孔明显；全身体毛黑褐色或棕黄色，背脊鬃毛较长而硬；四肢粗短，脚具4趾，有黑色硬蹄；尾巴细短。

长颈鹿 *Giraffa camelopardalis*

分类地位 哺乳纲 MAMMALIA 偶蹄目 ARTIODACTYLA 长颈鹿科 Giraffidae

保护级别 CITES 附录 II　　　　　　　**贸易类型** 活体

分　布 南非、埃塞俄比亚、肯尼亚等

◉ **鉴别特征** 颈特别长，颈背有一行鬃毛；头额部宽，吻部较尖，耳大而竖立，头顶有一对骨质短角，角外包覆皮肤和茸毛；身体皮毛的颜色花纹有斑点型和网纹型两种；体较短，四肢高而强健，前肢略长于后肢，蹄阔大；尾短小，尾端为黑色簇毛。

喜马拉雅旱獭 *Marmota himalayana*

分类地位	哺乳纲 MAMMALIA 啮齿目 RODENTIA 松鼠科 Sciuridae	
保护级别	非保护	贸易类型　活体、死体
分　布	西藏、甘肃、新疆等	

◉ **鉴别特征**　体大而肥壮；头短而阔，略呈方形，上唇开裂，上门齿微向前方突出，颈粗短，耳短小，耳郭呈深棕黄色或深黄色；背部深褐色，毛尖端黑色；四肢短而粗壮，前足4趾，趾端具发达的爪，后足有5趾，足背均为灰黄色；尾短而稍扁平。

红白鼯鼠 *Petaurista alborufus*

分类地位	哺乳纲 MAMMALIA 啮齿目 RODENTIA 松鼠科 Sciuridae

保护级别	国家"三有"	**贸易类型**	死体

分　布	中国中部和南部；缅甸、印度、泰国等

◎ **鉴别特征**　头白色，眼眶赤栗色，颏、喉上部、颈两侧及胸均为白色；体背面包括颈、耳外侧基部、肩及其余部分均呈栗色至浅栗色，体背后部至尾基部有一大片浅黄色至花白色的毛区；皮翼上面栗褐色，下面橙赤色；体腹面淡橙赤褐色，尾基部约1/4橙赤褐色，远端至尾尖变为深栗色；前后足均为赤色，足趾黑色。

 松鼠科

69

海南大鼯鼠 *Petaurista hainana* 别名：海南鼯鼠

分类地位 哺乳纲 MAMMALIA 啮齿目 RODENTIA 松鼠科 Sciuridae

保护级别 国家"三有"　　　　　**贸易类型** 死体

分　布 海南中部山区

10 cm

👁 **鉴别特征** 头两侧、额和耳后方沿颈两侧均为闪亮黑色，耳前缘白色，后缘黑色，唇白色，颏黑色；背部橙褐黑色，绒毛暗褐色，体毛毛尖为黑色；前臂、后肢下腿及皮翼大部分为黑褐色；体腹面呈灰白色，毛尖乳白，毛基灰色；尾长大于头体长。

海狸鼠 *Myocastor coypus*

海狸鼠科

分类地位　哺乳纲 MAMMALIA 啮齿目 RODENTIA 海狸鼠科 Myocastoridae

保护级别　非保护　　　　　　　贸易类型　活体

分　布　南美洲

◉ **鉴别特征**　头较大，鼻小，门齿大而长且呈橘红色；体背部黑色，体侧橙黄色，体腹部土黄色；四肢黑色，后肢稍长；尾长，呈圆形，具鳞片及稀疏短毛。

毛丝鼠 *Chinchilla lanigera*　　别名：绒鼠、栗鼠、龙猫等

分类地位	哺乳纲 MAMMALIA 啮齿目 RODENTIA 毛丝鼠科 Chinchillidae
保护级别	CITES 附录Ⅰ（除家养型标本）　　**贸易类型**　活体（宠物）、鞣制皮张
分　布	原产于南美洲安第斯山脉地区，分布于智利北部、玻利维亚等

◉ **鉴别特征**　体长约 40 cm，背毛灰褐色，毛尖黑色，皮张皮薄毛厚，每个毛孔里有数十根绒毛组成毛束，体被满均匀的绒毛，如丝一样致密柔软。

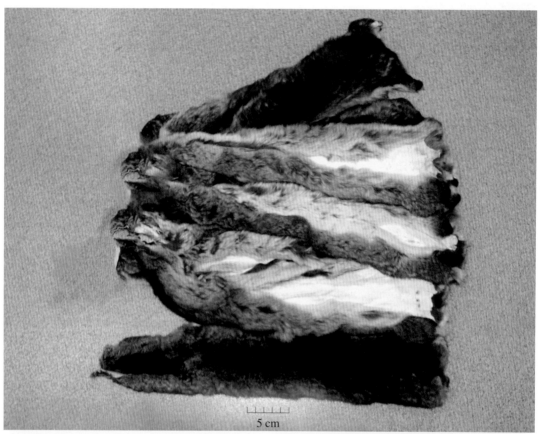

5 cm

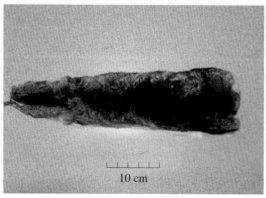

10 cm

花白竹鼠 *Rhizomys pruinosus*　　别名：银星竹鼠

分类地位	哺乳纲MAMMALIA 啮齿目RODENTIA 竹鼠科Rhizomyidae

保护级别	国家"三有"	贸易类型	活体、死体

分　布	中国南部、印度东北部、缅甸东部、泰国等

◉ **鉴别特征**　体粗壮；头钝圆形，耳小，眼小，门齿粗大坚硬；体背面呈浅灰褐色或淡褐色，并有许多尖端呈白色、发亮的粗毛；腹面毛色较淡，粗毛短且少，且无白色针毛；前、后足背面毛短，呈褐灰色，足底裸露；尾基部毛稀，呈灰褐色。

豪猪 *Hystrix hodgsoni*　　别名：中国豪猪

分类地位	哺乳纲 MAMMALIA 啮齿目 RODENTIA 豪猪科 Hystricidae
保护级别	国家"三有"

贸易类型　活体、棘刺等

分　布　长江流域及以南地区；东南亚等

◉ **鉴别特征**　头部形似兔子，耳小，全身毛呈黑色至黑褐色，头部和颈部有细长、直生而向后弯曲的鬃毛；从肩至尾密布长刺，肩及体侧面刺扁，刺上面有沟，背后部刺较长，刺基部黑色，尖端白色；腿较长，前足和后足上都具有5趾，脚底较为平滑；尾短。

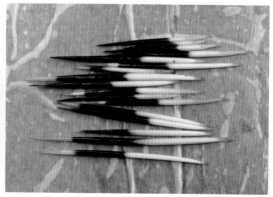

独角鲸 *Monodon monoceros*

分类地位	哺乳纲 MAMMALIA 鲸目 CETACEA 一角鲸科 Monodontidae
保护级别	核准为国家二级、CITES 附录 II　　**贸易类型**　原牙、牙段及牙制品
分　布	北极地区

◉ 鉴别特征　雄性左上门齿极发达，呈螺旋形向前伸出，形成长角状；横切面外边缘出现明显缺刻，牙髓腔较大至牙体大部分中空，脆而易断；牙尖部有牙釉质分布，牙本质与牙骨质间有明显的环纹结构。

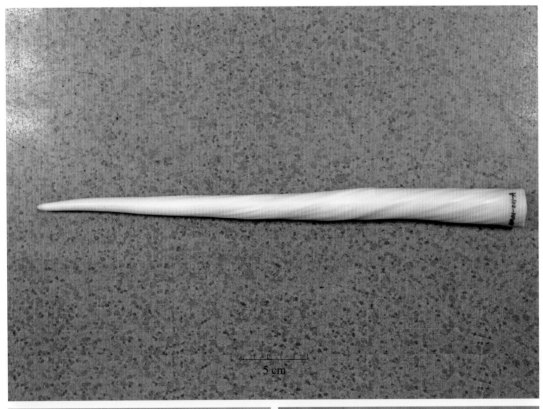

5 cm

抹香鲸 *Physeter macrocephalus*

分类地位	哺乳纲MAMMALIA 鲸目CETACEA 抹香鲸科Physeteridae	
保护级别	国家一级、CITES 附录 I	

		贸易类型	原牙、牙段及牙制品

| 分 布 | 黄海、东海、南海和台湾海域；世界各大海洋 |

◎ **鉴别特征**　牙体粗大，成体牙齿长可达20 cm，直径约10 cm；牙齿横切面近圆形，尖端稍弯曲，尖端表面光滑而为实心，基部表面有凹陷纵纹，具中空的扁卵形髓腔；牙本质部分可见明显的同心环纹，使横切面呈现层状结构，牙本质与牙骨质之间有明显的环纹结构。

5 cm

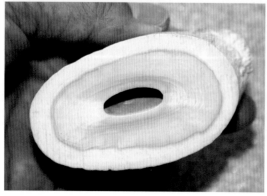

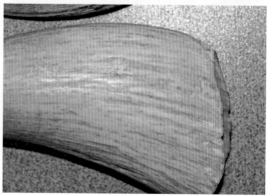

蜜袋鼯 *Petaurus breviceps*　　别名：小袋鼯

分类地位	哺乳纲 MAMMALIA 有袋目 MARSUPIALIA 袋鼯科 Petauridae		
保护级别	非保护	贸易类型	活体
分　布	澳大利亚、新几内亚岛等		

◉ **鉴别特征**　体形较小；吻部略尖，端部裸露，呈粉红色，面部两侧有黑色长须，耳朵大而薄尖，眼大而圆，面部有黑白相间的斑纹；通体被密而柔软的绒毛，头额部的黑色条纹沿背脊延伸至体背后段，体两侧有皮膜，腹面棕黄色；四肢短健，指、趾区域裸露，指、趾细长，指（趾）甲尖锐；尾粗而长。

大袋鼠 *Macropus* spp.

分类地位	哺乳纲 MAMMALIA 袋貂目 DIPROTODONTIA 硕袋鼠科 Macropodidae

保护级别	非保护	贸易类型	皮张

分　布	澳大利亚

◉ **鉴别特征**　体形较大；皮张颈背部皮毛窄，臀背部皮毛宽，后肢对应的皮毛区域宽粗；皮张整体皮板厚实，皮毛致密；尾巴长，毛粗且致密，尾基部粗大。

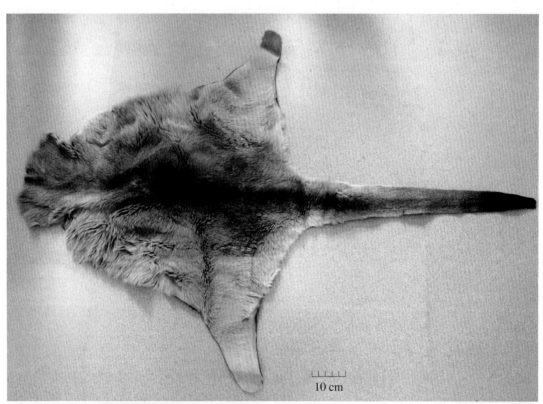

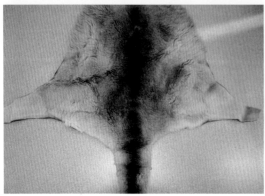

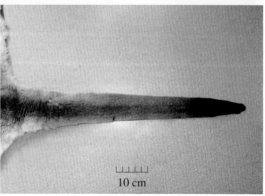

四趾刺猬 *Atelerix albiventris*   别名：非洲迷你刺猬

分类地位	哺乳纲 MAMMALIA 猬形目 ERINACEOMORPHA 猬科 Erinaceidae
保护级别	非保护
分　　布	非洲

| 贸易类型 | 活体（宠物） |

◉ **鉴别特征**　体形较小；腹部和脸具白色或奶油色的毛，白色的刺混杂着黑色或咖啡色，面部也许会有较深的颜色似面具，耳朵的高度比刺的长度短，被毛发环绕覆盖着；脚上低一点的地方通常也会呈现较深的颜色。

东北刺猬 *Erinaceus amurensis*　　别名：远东刺猬

分类地位	哺乳纲 MAMMALIA 猬形目 ERINACEOMORPHA 猬科 Erinaceidae
保护级别	非保护　　　　　　　　　　**贸易类型**　活体（宠物）
分　布	中国中部和东北部地区

◉ **鉴别特征**　头、背和体侧覆有长而尖的棘刺，腹毛和面部色淡，背部包括四肢和体侧呈浅棕灰色；尾很短。

参考文献

李湘涛，2005．兽类博物馆［M］．北京：时事出版社．

史密斯，解焱，2009．中国兽类野外手册［M］．长沙：湖南教育出版社．

岩崑，孟宪林，杨奇森，2006．中国兽类识别手册［M］．北京：中国林业出版社．

阳建春，胡诗佳，2016．常见非法贸易野生动物及制品鉴别图谱［M］．广州：广东科技出版社．

中国野生动物保护协会，2005．中国哺乳动物图鉴［M］．郑州：河南科学技术出版社．

中华人民共和国濒危物种进出口管理办公室，2016．常见贸易濒危物种识别指南［M］．北京：科学出版社．

附录　哺乳动物历年保护级别

序号	物种	1988年版国家重点		2021年版国家重点		国家"三有"	农渔发〔2001〕8号（CITES附录水生保护动物核准）		农业农村部公告第69号（CITES附录水生保护动物核准）		农业农村部公告第491号（CITES附录水生保护动物核准）		2013年版CITES附录		2017年版CITES附录		2019年版CITES附录		2023年版CITES附录	
		国家一级	国家二级	国家一级	国家二级		国家一级	国家二级	国家一级	国家二级	国家一级	国家二级	附录I	附录II	附录I	附录II	附录I	附录II	附录I	附录II
1	蜂猴	√		√									√		√		√		√	
2	倭蜂猴		√	√									√		√		√		√	
3	赤猴				√									√		√		√		√
4	短尾猴		√		√									√		√		√		√
5	食蟹猴				√									√		√		√		√
6	北豚尾猴	√			√									√		√		√		√
7	猕猴				√									√		√		√		√
8	藏酋猴				√									√		√		√		√
9	北白颊长臂猿	√		√									√		√		√		√	
10	库氏猴				√									√		√		√		√
11	卷尾猴		√		√									√		√		√		√
12	松鼠猴		√		√									√		√		√		√
13	穿山甲			√									√		√		√		√	
14	郊狼					√														
15	狼				√									√		√		√		√

（续表）

序号	物种		1988年版国家重点		2021年版国家重点		国家"三有"	农渔发〔2001〕8号(CITES附录水生保护动物核准)		农业农村部公告第69号(CITES附录 水生保护动物核准)		农业农村部公告第491号(CITES附录 水生保护动物核准)		2013年版CITES附录		2017年版CITES附录		2019年版CITES附录		2023年版CITES附录	
			国家一级	国家二级	国家一级	国家二级		国家一级	国家二级	国家一级	国家二级	国家一级	国家二级	附录Ⅰ	附录Ⅱ	附录Ⅰ	附录Ⅱ	附录Ⅰ	附录Ⅱ	附录Ⅰ	附录Ⅱ
16	貉					√（仅限野外种群）	√															
17	北极狐																					
18	赤狐			√		√	√															
19	熊	懒熊												√		√		√		√	
		马来熊	√		√									√		√		√		√	
		棕熊		√		√								√		√		√		√	
		黑熊		√		√								√		√		√		√	
20	小爪水獭					√									√		√	√		√	
21	猪獾						√															
22	石貂			√		√																
23	紫貂		√		√																	
24	狗獾						√															
25	鼬獾						√															
26	黄腹鼬						√															
27	林鼬																					

83

（续表）

序号	物种	1988年版国家重点		2021年版国家重点		国家"三有"	农渔发[2001]8号(CITES附录水生保护动物核准)		农业农村部公告第69号(CITES附录水生保护动物核准)		农业农村部公告第491号(CITES附录水生保护动物核准)		2013年版CITES附录		2017年版CITES附录		2019年版CITES附录		2023年版CITES附录	
		国家一级	国家二级	国家一级	国家二级		国家一级	国家二级	国家一级	国家二级	国家一级	国家二级	附录I	附录II	附录I	附录II	附录I	附录II	附录I	附录II
28	黄鼬					√														
29	水貂																			
30	果子狸					√														
31	斑林狸				√															
32	小灵猫		√	√																
33	狮													√		√		√		√
34	豹	√		√									√		√		√		√	
35	虎	√		√									√		√		√		√	
36	雪豹	√		√									√		√		√		√	
37	豹猫				√	√							√		√		√		√	
38	海豹 西太平洋斑海豹		√	√																
	髯海豹、环海豹											√								
	僧海豹属所有种										√		√		√		√		√	
	南象海豹											√		√		√		√		√

(续表)

序号	物种		1988年版国家重点		2021年版国家重点		国家"三有"	农渔发[2001]8号(CITES附录水生保护动物核准)		农业农村部公告第69号(CITES附录水生保护动物核准)		农业农村部公告第491号(CITES附录水生保护动物核准)		2013年版CITES附录		2017年版CITES附录		2019年版CITES附录		2023年版CITES附录	
			国家一级	国家二级	国家一级	国家二级		国家一级	国家二级	国家一级	国家二级	国家一级	国家二级	附录I	附录II	附录I	附录II	附录I	附录II	附录I	附录II
39	海象								√		√		√								
40	浣熊																				
41	食蟹獴					√	√														
42	现代象	亚洲象	√		√									√		√		√		√	
		非洲象													√		√		√		√
43	猛犸象																				
44	非洲犀													√		√		√		√	
45	斑马														√		√		√		√
46	貘													√		√		√		√	
47	驼鹿			√	√																
48	狍						√														
49	马鹿					√（仅限野外种群）									√		√		√		√
50	水鹿			√		√															

85

（续表）

序号	物种	1988年版国家重点		2021年版国家重点		国家"三有"	农渔发[2001]8号（CITES附录水生保护动物核准）		农业农村部公告第69号（CITES附录水生保护动物核准）		农业农村部公告第491号（CITES附录水生保护动物核准）		2013年版CITES附录		2017年版CITES附录		2019年版CITES附录		2023年版CITES附录	
		国家一级	国家二级	国家一级	国家二级		国家一级	国家二级	国家一级	国家二级	国家一级	国家二级	附录Ⅰ	附录Ⅱ	附录Ⅰ	附录Ⅱ	附录Ⅰ	附录Ⅱ	附录Ⅰ	附录Ⅱ
51	梅花鹿	✓		✓（仅限野外种群）																	
52	小鹿					✓															
53	白尾鹿					✓															
54	驯鹿																				
55	高角羚																				
56	跳羚																				
57	鹅喉羚		✓		✓																
58	盘羊		✓		✓										✓		✓		✓		✓
59	藏羚	✓		✓									✓		✓		✓		✓		
60	蒙原羚		✓	✓																	
61	藏原羚		✓		✓																
62	赛加羚羊	✓		✓											✓		✓		✓		✓
63	薮羚																				
64	扭角林羚																				
65	河马							✓							✓		✓		✓		✓

(续表)

序号	物种	1988年版国家重点		2021年版国家重点			农通发[2001]8号（CITES附录水生保护动物核准）		农业农村部公告第69号（CITES附录水生保护动物核准）		农业农村部公告第491号（CITES附录水生保护动物核准）		2013年版CITES附录		2017年版CITES附录		2019年版CITES附录		2023年版CITES附录	
		国家一级	国家二级	国家一级	国家二级	国家"三有"	国家一级	国家二级	国家一级	国家二级	国家一级	国家二级	附录I	附录II	附录I	附录II	附录I	附录II	附录I	附录II
66	野猪					√														
67	长颈鹿																	√		√
68	喜马拉雅旱獭																			
69	红白鼯鼠					√														
70	海南大鼯鼠					√														
71	海狸鼠																			
72	毛丝鼠												√		√		√		√	
73	花白竹鼠					√														
74	蒙猪					√														
75	独角鲸											√		√		√		√		√
76	抹香鲸		√	√			√						√		√		√		√	
77	蜜袋鼯																			
78	大袋鼠																			
79	四趾刺猬																			
80	东北刺猬																			

注：1. 1988年版国家重点：指1988年12月10日经国务院批准的《国家重点保护野生动物名录》（《中华人民共和国野生动物保护名录》）（中华人民共和国林业部、中华人民共和国农业部令第1号，自1989年1月14日起

施行），目前该文件已失效。

2. 2021年版国家重点：指2021年1月4日经国务院批准的《国家重点保护野生动物名录》（国家林业和草原局、农业农村部公告2021年第3号，自2021年2月1日起施行）。

3. 国家"三有"：指《国家保护的有益的或者有重要经济、科学研究价值的陆生野生动物名录》（国家林业局令第7号，自2000年8月1日起施行）。

4. 农渔发（2001）8号（CITES附录水生保护动物核准）：自2001年4月9日起生效，目前该文件已失效。

5. 农业农村部公告第69号（CITES附录水生保护动物核准）：自2018年10月9日起生效，目前该文件已失效。

6. 农业农村部公告第491号（CITES附录水生保护动物核准）：自2021年11月16日起生效。

7. 2013年版CITES附录：指CITES附录I、附录II，自2013年6月12日起生效，目前该附录已失效。

8. 2017年版CITES附录：指CITES附录I、附录II，自2017年4月4日起生效，目前该附录已失效。

9. 2019年版CITES附录：指CITES附录I、附录II，自2019年11月26日起生效，目前该附录已失效。

10. 2023年版CITES附录：指CITES附录I、附录II，自2023年2月23日起生效。

11. 个别物种的不同亚种或种群在CITES附录中保护级别不同，如下：

①印度穿山甲Manis crassicaudata、菲律宾穿山甲Manis culionensis、大穿山甲Manis gigantea、马来穿山甲Manis javanica、中华穿山甲Manis pentadactyla、南非穿山甲Manis temminckii、长尾穿山甲Manis tetradactyla、树穿山甲Manis tricuspis被列入附录I，其他所有Manis spp.（2013年版CITES附录中，穿山甲属所有种都被列入附录II）。

②狼Canis lupus的不丹、印度、尼泊尔和巴基斯坦种群被列入附录I，其他所有种群被列入附录II（除其家养型，即狗Canis lupus familiaris和澳洲野狗Canis lupus dingo不受公约条款管制）。

③棕熊Ursus arctos的不丹、中国、墨西哥和蒙古种群被列入附录I，其他所有种群被列入附录II。

④狮Panthera leo的印度种群被列入附录I，其他所有种群被列入附录II。

⑤豹猫Prionailurus bengalensis除指名亚种被列入附录I，印度和泰国种群被列入附录II外，其他所有种群被列入附录II。

⑥非洲象Loxodonta africana的博茨瓦纳、纳米比亚、南非和津巴布韦种群被列入附录II，其他所有种群被列入附录I。

⑦犀科Rhinocerotidae除白犀指名亚种Ceratotherium simum simum的南非、斯威士兰和纳米比亚种群被列入附录II外，其他所有种群被列入附录I。

⑧麝属所有种Moschus spp.的阿富汗、不丹、印度、缅甸、尼泊尔和巴基斯坦种群被列入附录I，其他所有种群被列入附录II。

⑨马鹿Cervus canadensis（又名Cervus elaphus）除马鹿克什米尔亚种Cervus elaphus hanglu被列入附录I，马鹿大夏亚种Cervus elaphus bactrianus被列入附录II外，其他亚种不列入附录I和附录II。